可穿戴式日常行为语义感知及增强方法

王鹏　杨士强　著

清華大學出版社
北京

内容简介

成本低、重量轻、体积小、电池续航时间长、内嵌多种传感器、计算能力强等特征，标志着当前移动计算设备的硬件能力已经发展到足以满足人类日常生活需求的水平。当这些高度集成的计算系统以可穿戴的形式捕捉、存储、理解甚至响应人们日常生活中的行为时，无疑赋予人类在记忆、挖掘、信息交互等方面的"超能力"，并必将改变人类的日常生活。然而，为达到这一目标，必须再赋予可穿戴式计算像人一样进行语义理解的"软能力"。这就需要充分应用当前人工智能算法、语义网、大数据等技术对可穿戴式设备所采集的多媒体数据进行深度理解，以一种便于与人类沟通的内容形式呈现给用户，以构建个性化的应用。本书以可穿戴式日常行为感知这一多媒体大数据的研究为题，从可穿戴式视觉采集设备所记录的多媒体信息的语义理解出发，分别介绍了这种语义感知的基本思路、流程和技术，并结合实际应用，研究了系统的方法架构，并对主要的技术模块进行说明和评估。由于本研究涉及可穿戴式数据采集、多媒体信息检索、语义感知、大数据处理、人机交互和人机界面等多学科，因此可以作为计算机应用领域的研究人员，尤其是多媒体和大数据以及信息检索、人机交互方向的科研人员的参考书。对新技术和新兴产业如可穿戴式计算技术和设备等感兴趣的读者也可以参考本书的内容，以提高对相关领域技术和应用的认识。

图书在版编目(CIP)数据

可穿戴式日常行为语义感知及增强方法/王鹏，杨士强著. —北京：清华大学出版社，2023.1(2024.4 重印)
(清华大学学术专著)
ISBN 978-7-302-60518-8

Ⅰ.①可… Ⅱ.①王… ②杨… Ⅲ.①传感器—应用 Ⅳ.①TP212.9

中国版本图书馆 CIP 数据核字(2022)第 057844 号

责任编辑：张瑞庆
封面设计：傅瑞学
责任校对：郝美丽
责任印制：丛怀宇

出版发行：清华大学出版社
网　　址：https://www.tup.com.cn，https://www.wqxuetang.com
地　　址：北京清华大学学研大厦 A 座　　**邮　　编**：100084
社 总 机：010-83470000　　**邮　　购**：010-62786544
投稿与读者服务：010-62776969，c-service@tup.tsinghua.edu.cn
质量反馈：010-62772015，zhiliang@tup.tsinghua.edu.cn
课件下载：https://www.tup.com.cn，010-83470236
印 装 者：涿州市般润文化传播有限公司
经　　销：全国新华书店
开　　本：170mm×240mm　**印　　张**：11.25　**插　　页**：1　**字　　数**：230 千字
版　　次：2023 年 1 月第 1 版　**印　　次**：2024年4月第3次印刷
定　　价：59.00 元

产品编号：086656-01

作者简介

王　鹏　中国科学院软件研究所副研究员，硕士生导师。主要从事卫星智能任务规划、无人自主系统仿真、用户行为分析等方向的研究。主持了国家自然科学基金面上项目、青年项目等多个国家级和省部级科研项目，获省部级科技进步奖3项，发表学术论文30余篇，授权国家发明专利6项，出版学术专著1部、译著2部。

杨士强　清华大学计算机科学与技术系教授，博士生导师，原系党委书记。长期从事多媒体技术、数据挖掘等方向的研究，获多媒体领域国际学术期刊和会议等最佳论文奖多次，获清华大学“良师益友”称号，2010年获北京市高等学校教学名师、师德先进个人，2018年获CCF杰出教育奖，享受政府特殊津贴。

前　　言

众所周知，可穿戴式计算在个人生活、医疗卫生、国防军事等诸多领域都有广泛的应用需求。虽然可穿戴式计算不是一个崭新的研究领域，但是随着近年来在传感器网络、机器学习、大数据、云计算等方面的研究进展，给可穿戴式计算的实际应用带来了更丰富的可能性。廉价的传感、存储、计算设备的普及以及高度集成化，已经使以往需要背着沉重的电脑才能进行的可穿戴式体验可以轻松地通过智能眼镜、智能手表、智能手环等灵巧设备，以一种“消失了”的、“无所不在”的形式来实现。同时，高带宽移动通信以及云计算等基础设施也给大量反映真实世界的多媒体数据的传输、分析、挖掘等提供了“透明”的处理方式。可以说，可穿戴式计算在硬件水平上已经基本满足了很多实际应用的需要，从而克服软件上的瓶颈成为可穿戴式计算在很多领域得以进一步普及的重中之重。其中，如何对可穿戴式传感设备所捕捉的日常行为进行分析和理解是提供用户行为挖掘、个性化服务等诸多应用的前提，即需要借助可穿戴式设备有效提取用户日常生活中的行为语义。

本书以可穿戴式设备采集的传感器数据为主要研究对象，对这些多媒体数据所反映的日常行为语义进行感知及增强，介绍了研究过程中的主要思路和方法，并针对性地给出了实验评估和演示结果。虽然计算机视觉研究的很多成果都可以用于可穿戴式行为语义的识别，本书在介绍中重点强调了采用可穿戴形式进行长期生活记录的特点和挑战，并针对用户行为对语义分析的影响，从上下文特征分析和利用的角度，沿着从图像层到事件层进行语义处理的路线，介绍了行为识别和增强的方法。如果把传感器媒体数据的处理作为对“物理空间”的理解和利用，那么充分利用“信息空间”中的知识，如概念本体和在线知识库等，也是本书的另一特色。

本书共 9 章。第 1 章介绍了与可穿戴式语义感知相关的背景知识，对本书方法的实际需求进行了说明，这主要体现在典型的应用及当前主要的可穿戴式感知设备上。第 2 章对与本书研究内容相关的文献进行了综述，分别从可穿戴式感知应用、多媒体行为识别和语义检索等领域介绍了当前的研究现状。第 3 章向读者介绍了基于语义的视觉媒体处理的基础知识，便于读者理解和掌握基于可穿戴式传感器进行日常行为语义感知及增强的主要方法。为构建一种便于用户理解的形式对多媒体数据所表示的内容进行语义描述，第 4 章介绍了如何通过用户实验形成对可穿戴式日常行为进行分析的语义空间，并在该空间中对概念的语义关系进行量化。由于可穿戴式用户行为分析中蕴含着丰富的上下文语义信息，第5章详细介绍了如何利用这些上下文信息在图像层对概念语义的识别进行增强。第6章从利用外部语义知识的角度，通过融合概念本体中的量化关系对多概念探测和概念选择的方法进行说明。不同于前面几章主要从单个图像即图像层内容的识别和理解进行研究，第7～9章从事件层对这些多媒体内容进行时序上的整合。例如，第7章将单帧图像中识别的概念进行动态组织，通过语义概念出现的时序关系进行日常行为的识别。第8章综合了图像层的概念识别、概念空间的构建、事件时序建模等因素，对这种基于可穿戴式多媒体的日常行为识别进行全面的影响分析，并验证了前面几章工作的重要性。第9章从事件上下文建模的角度，利用语义网的技术构建一致的事件上下文表示模型，并基于该语义模型开发了利用在线语义网知识库进行事件增强的应用系统架构。

本书的研究工作得到了孙立峰、Alan F. Smeaton、Cathal Gurrin等专家学者的指导帮助，在此表示衷心感谢。本书在撰写和出版过程中受到国家自然科学基金青年项目(项目批准号：61502264)、面上项目(项目批准号：61973313)等的资助。此外，清华大学出版社的张瑞庆编审对本书的内容设置和排版提出了许多宝贵的意见，在此一并表示感谢。

本书所介绍的主题属于学科高度交叉的领域，并且涉及的多个研究方向如机器学习、计算机视觉、语义网、知识建模等在近几年的发展都异常迅速。本书在内容设置和撰写的过程中尽可能将相关的研究成果成体系地进行归纳整理，以便读者能对可穿戴式日常行为语义感知及增强方法有全面的了解。但是限于作者的水平，书中难免存在不足之处，欢迎读者批评指正。

作　者

2022年5月25日

目　　录

第1章 可穿戴式产品简介

1.1 背景介绍

小型计算设备及精确传感器在近些年得到迅速普及，基于可穿戴式视觉传感器，如谷歌眼镜、微软的SenseCam、百度的BaiduEye等，进行多媒体数据记录及分析已经成为国际社会关注和研究的热点，并且发展成一个新的研究领域——视觉生活记录(Visual Lifelogging)，即使用数字化的方法记录人们生活的各个方面。视觉生活记录这一崭新概念定义了采用可穿戴式的视觉传感设备进行日常行为记录和个人生活感知的过程。在视觉生活记录中，数字视觉传感器通常在可穿戴式设备中用于以第一人称的视角，对穿戴者所看到的外界环境进行静态图像[1]或者视频[2-4]的采集记录。

在日常生活行为分析领域，可穿戴式传感技术有着广泛的应用前景，例如可用于辅助记忆、膳食监测、慢性疾病的诊断、日常行为规律分析等领域。典型的应用项目包括：Steve Mann的WearCam[4-5]，UCLA的DietSense项目[6]，纽约大学的WayMarkr[7]，MIT的InSense系统[2]，欧洲的IMMED系统[8]，等等。在该领域的研究中，微软公司通过对SenseCam[1,9]可穿戴式集成传感设备的研发也加速了相关技术的发展。

在日常生活行为分析(Activities of Daily Living，ADL)研究领域，职业治疗(Occupational Therapy)致力于研究日常时间花费与人类健康状况的关系，该研究领域近年来也得到了充分的证据表明这种相关性的存在[10-11]。在这样的需求下，医护人员迫切需要一种有效的观察评估工具，以准确判定潜在的病症以及针对性地确立病人的治疗方案。为了有效评估某些疾病或年龄增长对日常行为执行(如煮咖啡)的影响，往往需要长期的跟踪及行为执行分析，进而为每个病人提供个性化的治疗方案。随着传统诊断方法(如仅凭患者记忆进行的症状报告、问卷调查及其他观察手段在时效性、观察分析粒度等方面)体现出来的严重不足，基于可穿戴式视觉感知设备的观察分析手段能够提供一种高效的方法进行更加深入的行为执行能力分析。膳食监视是这种技术应用于医疗方面的另一个具有广泛前景的领域。在该应用领域中，图像、视频等视觉媒体可以大大增加食物摄入行为的数据来源，并支持肥胖症病人及健康专家同时对饮食情况进行量化分析。

1.2 可穿戴式产品的市场及应用

近年来，随着大量人才、资本的不断涌入，可穿戴式技术及设备领域迎来了新一轮的进阶与变革，随之还不断出现了硬件热潮、并购热潮以及投资热潮。

例如，2014 年 1 月举行的国际消费类电子产品展览会上，多家 IT 公司、科技巨头纷纷力推自家的可穿戴式产品，在行业内掀起了一场“可穿戴”热潮。2014 年 3 月，Facebook 公司宣布以约 20 亿美元的价格收购头戴式穿戴设备 Oculus VR。同月 26 日，英特尔公司宣布以 1 亿至 1.5 亿美元的价格收购可穿戴式监控跟踪设备制造商 Basis Science；不久之后，苹果公司开始了以 32 亿美元收购 Beats Electronics 公司的计划，并成为苹果公司价格最高的一次收购。近几年同样延续了前面的热潮，在一年一度的国际消费类电子产品展览会上，可穿戴式设备与无人系统、虚拟现实等产品，吸引了大量观众的眼球，成为火爆展览会的亮点产品。

出现上述热潮的原因之一是，智能手机、平板电脑、个人计算机的发展正逐步进入市场饱和期，而可穿戴式技术综合了上述平台的全部优势，将人、物联网、移动互联网、智能家居等无缝连接在一起，成为嫁接各种前沿技术最理想、最具市场潜力的网络智能技术。另外，可穿戴式设备借助高速发展的传感器、集成电路、材料、高能电池、智能化信息处理等技术，在医疗、健康、安全、娱乐、军事等不同领域都展现了巨大的市场前景。

按照 P&S Market Research 的统计，在 2014 年，可穿戴式设备仅在健康领域的应用市场规模已经达到了 1.57 亿美元，按当时的设计，到 2020 年，这个市场规模达到了 16.3 亿美元，并以每年 46.6%的增幅高速增长。为应对这次新的技术浪潮，谷歌公司、微软公司、苹果公司、三星公司等 IT 业界巨头相继进入了一场由硬件到生态系统平台的激烈角逐，这也预示着新一轮商业浪潮的来袭。除了众多初创的新兴公司准备大举进军可穿戴式设备领域以外，LG 公司、索尼公司、HTC 公司、华为公司和中兴公司等许多知名的传统科技巨头也纷纷推出了新的智能手环、手表等可穿戴式设备，以满足可穿戴式设备在诸多领域的应用。

1. *减肥健身*

2014 年 5 月，国际卫生研究人员在对全球人口的肥胖情况进行调查后指出，目前全球有近 30%的人口肥胖或者超重，共达 21 亿。而中国的肥胖人口数量约为 4600 万，全球排名第二[12]。百度大数据分析指出，2.9 亿中国女性网民在百度平台上搜索最多的一个词就是“减肥”。肥胖不仅影响人的日常活动，而且容易诱发各种疾病。世界卫生组织称，每年约有 340 万名成年人死于肥胖导致的心血管疾病、癌症、糖尿病和关节炎等各种慢性病。肥胖问题已经成了全球范围内一个重要的公共卫生挑战。唯有通过长期有规律的运动和饮食，以及良好的生活习惯，才能从根本上解决这一问题。

可穿戴式设备由于可以长时间贴身佩戴，并且可以不间断地监测用户健康和行为数据，因此产生的这些数据可以应用于生活的各个方面，特别是健康医疗方面。另外，可穿戴式设备的社交化和与医疗保险公司的合作将促进用户持续参与运动，建立良好的生活习惯。目前，可穿戴式设备在健身爱好者中已经拥有广大的消费群体。2016年，全球健身及个人保健可穿戴式带电子产品、应用以及服务所创造的营业收入达到了50亿美元，且三年增长了近3倍。

2. 智慧医疗

基于可穿戴式设备的医疗将在很大程度上缓解医疗需求与医疗诊治资源之间的巨大矛盾，将有效改善公共医疗资源分配不均的问题，特别是对于那些人口密集、医疗资源竞争激烈的国家和地区。

例如，通过提供柔性可穿戴式的健康监测设备，可穿戴式技术将成为收集、整合及分析医疗保健数据的基础载体，通过应用可穿戴式设备，实现健康医疗信息私人定制的模式，并提供针对性的医疗解决方案。另外，可穿戴式设备可以帮助人们节约医疗成本，缩短诊疗流程，很可能颠覆整个医疗就诊模式。据统计，采用出院后的远程监护手段可以将病人的全部医疗费用降低42%，看医生的时间间隔延长71%，住院时间降低35%。

医疗资源的分布不均衡带来的看病难问题，严重地制约着我国人民幸福感的提升。因此，充分利用可穿戴式等技术手段建立快速精准、灵活高效的智能医疗体系，不但可以节省政府财政支出，而且可以有效地提高全民的健康水平。在这个过程中，可以充分推广人工智能治疗新模式新手段，通过开发智能诊疗助手、生物兼容的生理检测系统，研发人机协同临床智能诊疗方案，结合多种可穿戴式技术，实现智能影像识别、病理分析和智能会诊。另外，可穿戴式设备与医疗大数据平台结合，将对用户实现长期动态监测，达到疾病预防、提升诊疗水平等健康管理目标，基于可穿戴式设备的移动医疗将带领我们进入智能医疗的时代。

3. 应对老龄化问题

中国已经进入了老龄化社会。目前，中国60岁以上老龄人口已超过2亿，占人口总数的14.9%，而在2050年前后60岁以上老龄人口将达到4.4亿左右，占中国人口总数的34%。随着年龄的增长，老年人患冠心病、高血压、糖尿病等慢性疾病的比率是15～45岁人口的3～7倍。另一个典型的慢性老年疾病的例子就是阿尔茨海默症，在我国，阿尔茨海默症曾被称为“老年痴呆症”，是严重的脑神经系统疾病之一，患者会逐渐出现记忆能力、语言能力和感觉能力的下降，多数患者发病后几年内还会因脑衰竭而死亡。阿尔茨海默症在我国患病人数约1000万，平均每年有30万新发病例。由于阿尔茨海默症是无法治愈的退化性疾病，病人长时间依赖家人的协助及照顾，这对照护者带来了非常大的负担，对照护者的生活各方面包括其社交、精神、体能和经济都有很大的影响。

目前，应对阿尔茨海默症的策略是预防重于治疗。虽然还没有能治愈这种疾病的方法，但是通过临床上的早期介入可以在很大程度上减缓疾病的发展，提高病人及家属的生活质量。医学研究表明，阿尔茨海默症可以早在被真正确诊的十年前被发现。由于这些老年性疾病对日常生活行为具有很强的影响，这些影响的发现对疾病的早期诊断以及尽早帮助患者和家属应对疾病具有重要的意义。可穿戴式数字感知设备提供了这样一种获得大量行为观察样本的手段：通过使用可穿戴式视觉或其他感知设备对病人执行日常生活行为的过程进行详细记录，并提供给医疗人员有效的诊断手段，这些媒体数据（如视频或图像数据）即可提供给医生更客观有效的视角，用来分析病人行为执行过程中表现出来的认知障碍，并有效评估病情所处的状态。

另外，除了早期诊断和干预之外，对于饱受重度神经退化困扰的老年人，可穿戴式设备还可以帮助他们找到回家的路。这些可穿戴式设备除了记录老人的心率、血压、呼吸等健康数据外，还可以记录老人的实时位置，并通过移动互联网与子女形成远程互动，让子女随时掌握父母的身体健康状况。同时，通过融合运动传感器可以对老人进行摔倒识别，减少给家庭带来的负面影响。以可穿戴式设备为平台，可以进一步推动老年人的健康管理从点状检测向连续检测、从短流程管理向长流程管理的转变。

4. 游戏娱乐

众所周知，互联网已经改变了以往的娱乐形式和行业，而移动互联网时代的到来加快了这一步伐。例如，通过一台小小的智能手机或者 iPad 即可以体验阅读、音乐、视频、游戏等各种娱乐形式。当可穿戴式设备与移动互联网结合之后，各种娱乐可以做到深度融合并带来无限的想象空间。

将视觉渲染技术、立体显示技术、可穿戴式交互技术进行有机结合，可以打造各种不同的可穿戴式虚拟现实应用，如沉浸感游戏及全景影视等新的娱乐形式。作为沉浸式虚拟现实产品的代表，Oculus Rift、Project Morpheus 的目标是创造出令人印象深刻的游戏体验，并通过强大硬件计算能力的支持，呈现给用户强交互性、高清显示的沉浸感。这种新的交互体验不断吸引消费者对可穿戴式娱乐形式进行关注，并拉动一系列游戏产品的开发和影视内容的生成，从而打造可穿戴式虚拟现实娱乐产业的生态链。

类似的，Microsoft HoloLens 是微软公司首个不受线缆限制的全息计算机设备，能让用户与数字内容交互，并与周围真实环境中的全息影像互动。不同于 Oculus 和 Morpheus，Microsoft HoloLens 是一款增强现实头显设备，具有全息、高清镜头、立体声等特点，可以让穿戴者看到和听到周围的全息景象。Microsoft

HoloLens 对计算机生成的效果叠加于现实世界之上，将虚拟和现实结合起来，实现了二者的互动性。Microsoft HoloLens 同样在新闻等信息投射、模拟游戏、交互式场景等方面有着广泛的应用。

5. 军用领域

在当前信息化、智能化作战形式下，可穿戴式设备由于成本低、佩戴舒适、灵活性强的优势，在单兵训练、作战过程、分析评估等不同阶段都有很大的应用潜力。例如，上面介绍的可穿戴式设备在医疗健康方面的应用同样可以用于对作战和训练人员进行生理和心理的健康监测，并科学合理地设计训练科目和强度，有效地对训练效果和人员心理状况进行评估。可穿戴式计算在游戏方面的应用技术（如虚拟现实技术）也可以无缝应用于军事训练领域，尤其对于一些成本高、实施困难的训练项目可以通过可穿戴式设备进行近实战的演练和分析评估。在训练结束后，可以通过单兵生命体征的量化检测，对比历史记录的数据以评估训练效果。除了通过可穿戴式传感器感知和检测单兵生理信息，利用可穿戴式显示和交互设备还可以结合指控系统获取战场态势，为指挥员提供实时有效的态势感知和解读能力，从而更加快速准确地下达作战指令。

为了增强单兵的作战能力，世界各强国均通过发展可穿戴式技术构建下一代单兵系统。典型的例子，如美国的“奈特勇士”计划、俄罗斯的“战士”未来士兵系统、英国的“未来一体化士兵技术”计划、德国的“增强型未来士兵”（短剑）系统、法国的“装备和通信一体化步兵”（菲林）系统等。可穿戴式外骨骼系统还能够提高单兵的防御和机动作战的能力，如美国的“人体负重外骨骼”、俄罗斯的“战士-21”、法国的“大力神”等都是这一类可穿戴式应用的代表。

美国国防部高级研究计划局支持研发的“思想头盔”能够对佩戴者的脑电波进行解析，通过安全的指令传递实现单兵间的思维通信。在未来的战场上，如果想说什么，无须开口就可以让对方理解，从而迅速达成共识，在瞬息万变的战场上把握作战时机。这种技术会使无声沟通和传递成为可能，再也不受外界环境中声音和光的影响。

在第 2 章，本书将结合参考文献，详细介绍可穿戴式感知技术的应用现状。

1.3　典型可穿戴式感知设备

目前，市场上已经有很多专业的可穿戴式感知设备，并针对不同领域和不同用户群体进行了专门的设计研发。这些可穿戴式感知设备，无论从信息感知类型，还是结构功能的角度，都各有侧重。

1. 可穿戴式健康监测设备

可穿戴式健康监测设备不但具备可穿戴式设备自身轻便、佩戴舒适的特点，还有一个特点就是可以根据具体健康监测的需要佩戴在人体的不同部位，常见的包括手及手腕部（如手环、手表、戒指）、胸部、脚部等。

目前，市面上已经有大量的运动手环产品，主要包括 FITbitCharge、iHealthEdge、Embrace E4、Garmin Vivosmart HR、Withings Pulse O2、小米手环等。这些手环式健康感知设备主要监测的是穿戴者的运动数据，因此加速度计成为这些产品在硬件上具备的基本传感器类型。而由于这种手环体积较小，计算和存储能力有限，从而主要完成的是运动数据收集的功能。数据的后期处理一般通过离线上传的形式，与智能手机进行匹配，或者导入应用程序或云端进行分析处理和存储。因此，这些可穿戴式产品的电池续航能力较长。在国内，小米手环占据了可穿戴式设备市场相当大的份额。小米手环的升级产品——小米手环 2 中已经配置了心率传感器，用户可以通过它实时了解自己的心率状态[13]。

典型的手表式设备包括 Fitbit Blaze、Embrace Watch、Basis Peak、Apple Watch、Samsung Gear S2 等。手表相比手环内嵌了更多的传感器和处理器，如包含血氧监测传感器、皮肤电导传感器等，以及打电话、消息处理等功能模块。除了进行生理特征监测，内嵌了定位功能的手表还可以用于儿童防走失功能。例如，“步步高”公司旗下的小天才儿童手表则面向儿童这一特殊的用户群，该儿童手表可以提供包括打电话、GPS 定位等功能。另外，针对时尚群体，华为公司发布了可穿戴式智能手表 Huawei Watch，以及两款针对女性消费者用户的智能手表，分别是 Jewel 和 Elegant。国内的乐心（Lifesense）也推出了几款可穿戴式产品，如 Mambo Watch 智能手表和多款手环等[13]。

胸部可穿戴式健康感知产品主要包括 Zephyr BioHarness 3、AliveCor Mobile ECG、Rhythm Diagnostic MultiSense Strip、iRhythm ZIO Patch、Proton Patch ECG 等，这些健康监测产品主要以贴片或胸带的形式出现。由于这类穿戴式产品比较专用，一般被应用于临床医疗、训练评估等专业领域。例如，Zephyr BioHarness 3 通过胸带进行固定，用于采集佩戴者的生理信号，包括心率、呼吸率等。该设备采用网络传输采集得到的数据，从而实现远程监控，因此美国特种部队、航空航天局等用其对单兵的训练进行量化评估。这种远程监测方式在临床上同样具有很大的潜力。再如，Rhythm Diagnostic MultiSense Strip 设备提供了生理信号的无线监测方案，并支持对用户连续数天的生理监测，从而在各种行为条件下（如锻炼、睡眠等不同阶段）持续对心律不齐等疾病进行分析。

其他可穿戴式健康感知设备还包括智能戒指、运动感知球鞋，以及一些智能衣服产品等。这些感知设备与其他可穿戴式感知设备类似，也是将运动或健康相关的传感器和数据传输模块分布在穿戴物上，并通过合理设计提高穿戴的舒适度。

例如，Athos Tech将12个肌电传感器、2个心率传感器和2个呼吸传感器分布到运动T恤的不同位置，并通过中心模块将数据收集发送至智能手机做进一步分析。

2. 可穿戴式视觉感知设备

下面介绍几款典型的可穿戴式视觉感知设备。

1) SenseCam

SenseCam是由英国微软剑桥研究院开发的一款可穿戴式视觉感知设备，即可穿戴式相机，如图1-1所示，并通过带子悬挂在穿戴者的脖子上。在SenseCam集成传感器中，光传感器采用了鱼眼镜头VGA照相机，SenseCam还集成了光强度计量、温度计和用于探测人出现与否的被动式红外传感器。不同传感器的实时读取结果，可以用于确定何时进行照片的捕获。例如，当穿戴者在转身过程中将不进行照片的采集，这是因为这时采集的图像往往会出现运动模糊；而当被动红外传感器探测到有人出现在穿戴者面前时，或者出现明显环境光强度变化表明穿戴者在室内和室外之间过渡时，传感器将触发图像的采集。在缺省情况下，如果没有传感器触发引起的图像提前捕获，SenseCam大约每40秒采集一幅新的图像。采集到的数据随即存储在内嵌的存储器中，尽管SenseCam在使用过程中通常需要每天夜里进行充电，内嵌的存储器可以容纳长达10天的图像和传感器数据[13]。

2) Autographer

Autographer类似于SenseCam的自动拍照相机，是英国伦敦OMG Life公司推出的一款智能可穿戴式照相设备，如图1-2所示。Autographer能够决定何时拍照，不需人工干涉，在不知不觉间记录生活点滴。该设备搭载500万像素视觉传感器、136°视角的鱼眼镜头，并且内置8GB容量内存，一天可拍摄约2000张高分辨率照片。Autographer设计的初衷是为患有严重记忆障碍症（如阿尔茨海默症）的患者做辅助治疗仪器用。Autographer自带加速度计、色彩传感器、磁力计、运动传感器和温度传感器，以感知外部环境的光线、色彩、运动状态、方向和温度变化，再综合GPS数据，通过一定算法可以得到一个最完美的拍摄时间。穿戴者只需把它挂在脖子上，或者夹在衣服上，它就可以自动判断是否需要拍照。

图1-1　SenseCam穿戴式相机

图1-2　Autographer穿戴式相机

3) Narrative clip

Narrative clip 由瑞典的 Narrative(前称 Memoto)推出,机身尺寸为 3.6cm×3.6cm×0.9cm,重 20g,是体型最小巧的可穿戴式视觉感知设备,佩戴位置可以是衣领、纽扣或者背包带上,如图 1-3 所示。Narrative clip 的摄像头分辨率为 500 万像素(70°广角),内置加速度计、磁力计、GPS 和 8GB 存储器(可存 4000 张照片),拍照间隔是 30s,单次续航 24h,并提供自己的图片云储存服务。

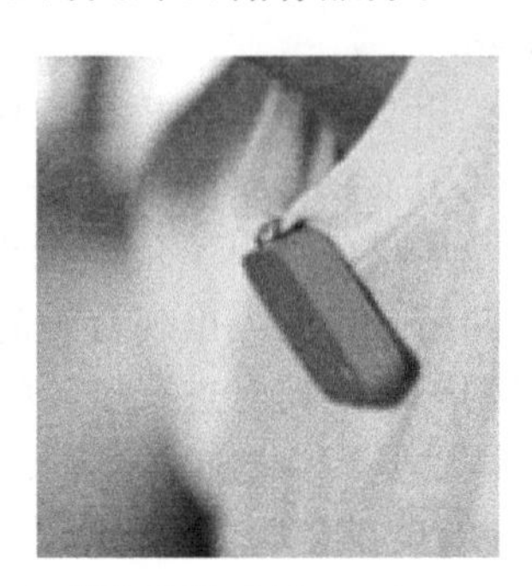

图 1-3　Narrative clip 设备穿戴示例

4) 谷歌眼镜

谷歌眼镜是由谷歌公司发布的一款可穿戴式增强现实眼镜,如图 1-4 所示。它具有和智能手机一样的功能,可以通过声音控制拍照、视频通话,以及上网冲浪、处理文字信息和收发电子邮件等。谷歌眼镜主要结构包括,在眼镜前方悬置的一台摄像头和一个位于镜框右侧的宽条状的计算机处理器装置,配备的摄像头像素为 500 万,可拍摄 720P 视频。镜片上配备了一个头戴式微型显示屏,它可以将数据投射到用户右眼上方的小屏幕上,显示效果如同 2.4m 外的 25in 高清屏幕。

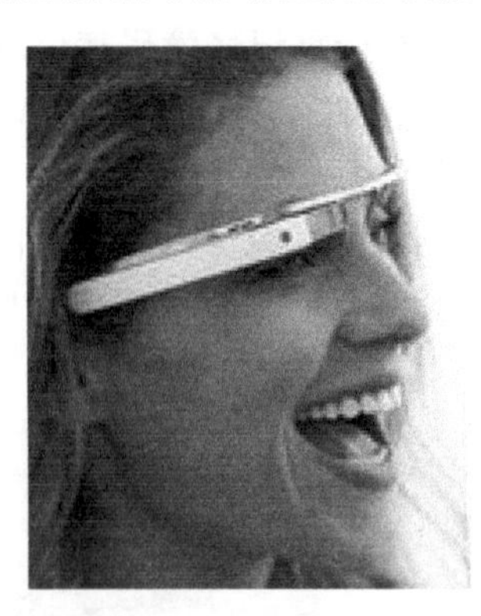

图 1-4　谷歌眼镜

5) BaiduEye

BaiduEye 由百度公司自主开发设计,对用户第一视角的视觉信息进行图像分析,并结合百度大数据分析能力和自然人机交互技术,对佩戴者的行为进行智能响应和交互。基于这种视觉感知能力，BaiduEye 可以作为人眼的延伸，让人具有“看到即可知道”的能力。同时，BaiduEye 没有液晶屏镜片，在降低重量和能耗的同时也让用户在长时间佩戴情况下忽略它的存在，从而提高穿戴的舒适度，如图 1-5 所示。

图 1-5　BaiduEye 穿戴示例

6）New Glass

除上述设备之外，可穿戴式视觉感知设备还包括联想的 New Glass。New Glass 采用了镜架夹持式设计，可以将其夹持在消费者已有的眼镜上使用，方便近视人群佩戴。New Glass 具有蓝牙和 Wi-Fi 连接，还有 800 万像素的摄像头，并且有 GPS、环境光传感器、陀螺仪、加速度计等多种传感器。

7）ParaShoot

ParaShoot 也是一种视觉采集设备，并在外形上类似于 Narrative clip。ParaShoot 以每隔半小时录像 5min 的模式运行，从而间歇式地记录视觉影像。ParaShoot 机身尺寸为 4.5cm×4.5cm×1.5cm，重 36g，内置 700mAh 电池，其佩戴方式也是别在衣服上。ParaShoot 摄像头分辨率为 800 万像素，支持 1080P 录像。

1.4　本章小结

计算机硬件和软件的不断进步，推动了近年来可穿戴式设备的发展以及在诸多领域的应用。这些硬件的进步体现在各种灵巧传感器的诞生、高度集成化的芯片、高性能电池、无线通信能力的提高等方面。软件能力的提升一方面体现在机器学习和人工智能算法的突破，这使得基于可穿戴式传感器进行对象识别、场景理解等任务成为可能；另一方面，数据挖掘技术、基于云计算和大数据等平台的应用软件也提供了对大量个人行为数据进行分析挖掘的能力。本章介绍了可穿戴式日常行为感知的相关背景，分析了典型可穿戴式感知设备和市场应用，便于读者对后续章节内容的理解。

参考文献

[1] Sellen A, Fogg A, Aitken M, et al. Do life-logging technologies support memory for the past? An experimental study using SenseCam: Proceedings of the SIGCHI Conference on Human Factors in Computing Systems[C]. New York: ACM,2007.

[2] Blum M, Pentland A S, Tröster G. InSense: interest-based life logging [J]. IEEE Multimedia,2006,13(4): 40-48.

[3] Hori T, Aizawa K. Context-based video retrieval system for the life-log applications: Proceedings of the 5th ACM SIGMM International Workshop on Multimedia Information Retrieval[C]. New York: ACM,2003.

[4] Mann S, Fung J, Aimone C, et al. Designing EyeTap digital eye-glasses for continuous lifelong capture and sharing of personal experiences: Proceedings of the CHI 2005 Conference on Computer Human Interaction[C]. New York: ACM,2005.

[5] Mann S. WearCam(the wearable camera): personal imaging systems for long-term use in wearable tetherless computer-mediated reality and personal photo/videographic memory prosthesis: Proceedings of the 2nd IEEE International Symposium on Wearable Computers [C]. Washington,DC: IEEE Computer Society,1998.

[6] Reddy S, Parker A, Hyman J, et al. Image browsing, processing, and clustering for participatory sensing: lessons from a DietSense prototype: Proceedings of the 4th Workshop on Embedded Networked Sensors[C]. New York: ACM,2007.

[7] Bukhin M, DelGaudio M. WayMarkr: acquiring perspective through continuous documentation: Proceedings of the 5th International Conference on Mobile and Ubiquitous Multimedia[C]. New York: ACM,2006.

[8] Mégret R,Dovgalecs V,Wannous H,et al. The IMMED project: wearable video monitoring of people with age dementia: Proceedings of the 18th ACM International Conference on Multimedia[C]. New York: ACM,2010.

[9] Hodges S,Williams L,Berry E,et al. SenseCam: A retrospective memory aid: Proceedings of the 8th International Conference on Ubicomp[C]. Berlin: Springer-Verlag,2006.

[10] Doherty A R,Moulin C J A,Smeaton A F. Automatically assisting human memory: a SenseCam browser[J]. Memory,2011,19(7): 785-795.

[11] Lindley S E,Randall D,Sharrock W,et al. Narrative,memory and practice: tensions and choices in the use of a digital artifact: Proceedings of the 23rd British HCI Group Annual Conference on People and Computers: Celebrating People and Technology[C]. Swindon: BCS Learning & Development Ltd.,2009.

[12] 陈根. 可穿戴设备:移动互联网新浪潮[M]. 北京: 机械工业出版社,2014.

[13] 王鹏,秦永强. 个人大数据——可穿戴计算改变人类生活[M]. 北京: 电子工业出版社,2018.

第2章　可穿戴式语义感知的相关研究现状

2.1　可穿戴式感知的应用现状

由于可穿戴式感知多方面的优势，它可以应用在很多领域以满足不同用户群体的需要。可穿戴式感知技术尤其是视觉感知的典型应用主要包括自动日记、旅游向导、辅助记忆、膳食监测、日常行为分析、与工作相关的记录等。

1. 自动日记

传统的日记都是通过人工的形式完成的，这个过程中还包括了材料的选择。有价值内容的选择需要重点考虑哪些是重要的以及哪些值得在日记中出现。一种高效的可穿戴式感知记录和摘要生成的工具可以自动完成这一任务，并且可以综合多种异质多媒体数据来构成这一丰富的日记形式。为处理大量的个人数据集，有必要采用智能化的技术来结构化、搜索和浏览这一数据集，以用于准确定位用户生活中的关键事件。在本章文献[1]中，作者指出了创建一个数字日记的三个阶段，即捕捉和构建 SenseCam 图像以及将这些图像对终端用户进行展示。在本章文献[2]中，介绍了一种由 SenseCam 图像组成的自动幻灯片放映的故事讲述形式，其中还包括了对应的 GPS 位置信息。主要的挑战和考虑也在本章文献[3]中进行了介绍，以从可穿戴式感知数据集中构建具有含义的自传体数字信息。在本章文献[4]和[5]中，采用了图像特征和诸如加速度计等传感器数据用于对一天的 SenseCam 图像进行聚类，从而形成具有含义的事件，以方便对数字日记进行快速浏览。

2. 旅游向导

由于许多可穿戴式感知系统都具备位置感知的能力，这些技术也可以在与旅游相关的应用服务中被采用。实时位置跟踪可以用于根据对穿戴者上下文语义的识别提供自适应的服务。本章文献[6]介绍了一个名为 Micro-Blog 的移动系统的架构，以用于对全局信息共享、浏览和查询。此文献还介绍了一个在旅游应用中与系统进行交互的场景，该交互过程通过播放由游客共享的视频、音频经历数据而实现。在本章文献[7]中，介绍了 SenseCam 在旅游领域的应用。类似地，本章文献[8]研究了采用 SenseCam 采集的博物馆展览物的图片对馆内游览经历进行增强。

3. 辅助记忆

图像、视频等媒体数据蕴含丰富的语义内容，并且对人类而言具有直观、易理解的优势，从而可穿戴式视觉传感在辅助记忆等研究领域也有很高的应用价值。微软剑桥研究院曾经在实验中使用可穿戴视觉采集设备 SenseCam 记录日常生活，并且通过实验验证了这些视觉图像可以提高人们的记忆能力[9]。本章文献[1]使用基于 SenseCam 的捕捉技术研究了记忆的辅助方法，并分析了由此反映出的用户生活特征。类似于微软公司的 MyLifeBits 项目[10]，该研究工作将捕捉的影像记忆在时间维度进行延伸并展示给用户。在本章文献[11]中，作者分析了历时两年由 200 万幅图像组成的大量"数字记忆"(Digital Memory)带来的挑战，并且提出了管理这种大容量媒体数据对检索工具的体系结构需求。将可穿戴式传感应用于短期记忆的应用也有类似的介绍[12-14]。除了使用 SenseCam 的研究项目，很多其他项目也致力于研究如何利用可穿戴式传感设备进行个人生活记录，并依此分析个人的行为。其中，InSense[15]就是由此建立起来的数字记忆捕捉系统，它使用加速度计、音频和影像传感设备进行实时的上下文识别及感知。除了在临床上对视觉数字媒体如何辅助人类记忆进行了验证，本章文献[16]还通过功能性磁共振成像扫描技术(fMRI)分析了人脑在受到视觉数字记忆的刺激后出现的活跃区域，以解释为什么这些外部的视觉信息可以帮助重构人的记忆能力，从而为视觉数字记忆的研究提供了有力的神经学依据。

4. 膳食监测

利用可穿戴式视觉采集设备捕捉的视觉媒体不仅可以直接应用于重建人的记忆内容，基于这种视觉媒体构建的数字记忆也是个人生活行为的详细反映，因此还在有关个人健康、行为特征等很多领域具有广泛的研究价值。例如，数字影像记忆大大增加了关于人们食物摄入行为的丰富数据来源并可以用于人们的饮食分析，数字影像记忆在膳食监视方面的应用优势在最近的很多研究项目中得到了进一步验证。美国加州大学洛杉矶分校的 DietSense 项目[17]使用内嵌照相机的移动电话作为实验工具，使用者在用餐时间记录的影像被自动拍摄，并且作为图像进行存储和收集，以分析用户的食物摄入，由此得到的反馈结果用以改善用户的饮食结构选择。在很多其他膳食监测的研究中，内嵌照相机的移动设备(如移动电话、PDA等)也得到广泛的使用并得到较好的效果[18-20]。

5. 日常行为分析及早期诊断

在日常生活行为分析领域，可穿戴式传感技术有着广泛的应用前景。尽管研究发现日常时间花费与人类健康状况之间有着密切的联系，但是传统的行为跟踪及分析方法在大量样本获取、时效性、分析粒度等诸多方面表现出严重不足，这种不足也集中体现在阿尔茨海默症等老年性疾病的提前发现和诊断上。目前，这些神经系统疾病的诊断往往采用的是问诊的方式，即通过向医生回答患者日常生活行为的正常执行情况来评估病人所处的状态。这种诊断方式往往导致医生对病人及所处环境的真实情况缺乏了解，从而影响诊断的效果。如果能在病人真实生活环境中分析其执行日常行为的能力，这将会得到更好的诊断效果。然而，没有任何医生能始终观察病人大量日常行为的执行，而获得这种大量的观察样本也是十分耗时的。可穿戴式数字采集设备提供了这样一种获得大量观察样本的手段：通过使用可穿戴式摄像或者其他传感设备对病人执行日常生活行为的过程进行详细记录，并提供给医疗人员有效的媒体检索手段，这些媒体数据（如视频或图像数据）可提供给医生更客观有效的视角来分析病人行为执行过程中表现出来的认知障碍，并有效评估病情所处的状态。

不仅仅是对于阿尔茨海默症等神经系统疾病，很多应用领域也迫切需要出现类似的科技手段，以解决以往传统方法所处的困境。例如，在第 1 章中已经介绍过，日常生活行为分析中的职业治疗通过研究日常时间花费与人类健康状况的关系，发现了二者之间存在相关性[21-22]。而采用可穿戴式视觉采集设备进行辅助观察，可以提供一种高效的方法进行深入的行为执行能力分析，从而解决传统诊断方法和观察手段在时效性、观察分析粒度等方面的严重不足。

基于可穿戴式视觉传感设备的诊断方法在研究中得到广泛的重视，并且表现出理想的应用前景。例如，欧洲的 IMMED 项目就是将可穿戴式传感应用于痴呆(Dementia)早期诊断的典型案例[23]，其设计初衷是尽可能地在早期跟踪发现由痴呆等疾病引起的偶发性认知障碍[24]。在该研究中，视频和音频信息被传感器采集并用于记录患者的行为活动，这些活动进而被标记和索引以用于医疗人员的后期分析。在本章文献[25]中，研究人员使用一种移动的摄像设备用于记录患者日常生活行为的视频，进而提供一种检索方法以方便医生在各个视频记录片段之间随意浏览并发现认知障碍的早期表现。类似的研究在本章文献[26]中也有介绍。另外，基于 SenseCam 的数字记忆还被用在人类活动特征的研究领域。例如，在本章文献[24]中，研究人员使用 SenseCam 设备并验证了使用这种技术对个人生活中久坐行为追踪的有效性，以量化并降低大量久坐行为对个人健康带来的损害。

6. 其他应用

除了上面介绍的应用领域，可穿戴感知技术同样可以应用于诸多其他领域，例如教育[27-28]、工作任务观察[29-30]、商业中广告可达性分析[31]等。

我们在研究中发现，当前的可穿戴式视觉传感在构建日常生活行为分析应用的研究中，虽然探索了各种技术手段在数据采集中的应用，但是这种感知技术不仅仅是一种对生活内容的记录手段，而更多的应该是分析这些海量数据并提供有效查询及使用这些数据的技术集合。因此，对可穿戴式视觉采集设备记录的海量行为数据进行索引和检索显得愈发重要，并成为日常行为分析下一步研究的重点。另外，当前对日常行为记录的组织缺乏基于事件的有效管理和检索手段，而事件作为人类对现实世界时间和空间特征的一种抽象，是人类完成记忆和认知过程的基本单元，这一结论已经在近年来神经科学领域的研究中进一步得到证实。例如，研究人员在实验中分析了个体在对日常行为影像记录进行人为事件分割或浏览这些影像过程中的神经反应，并发现在事件的边界处人的神经行为会发生瞬时变化[32]。因此，以一种便于理解的形式从海量日常行为"大数据"中进行以事件为中心的有效检索是下一步研究的热点，也是本书中相关研究提出的重要出发点。可穿戴式视觉传感在实际应用中大多数采用图像或视频等视觉传感数据，本书将重点针对此类非结构化的海量多媒体数据蕴含的丰富事件语义的有效检索技术展开论述。

2.2 多媒体语义检索研究现状

在早期基于内容的检索中，从视觉数据抽取的低层特征与用户对该数据的真实理解往往难以达成一致，多媒体检索领域的这种"语义鸿沟"是基于概念的检索所致力解决的焦点问题。目前，基于概念的检索中最有效的途径是采用机器学习的方法将低层特征映射到某些概念，然后对这些概念进一步融合以反映更高层次的查询主题[33-35]。为建立大规模的概念本体和词汇以缩小多媒体数据查询中的语义鸿沟，多媒体信息检索领域的研究人员做出了大量努力，代表性的工作是LSCOM (Large-Scale Concept Ontology for Multimedia)[36-37]、TRECVid[1,38]及MediaMill[39]。每年的 TRECVid 国际权威评测，不但提供了大量视频标注样本，并且提供了统一的效果评价指标，以度量几十家研究机构的查询系统的能力。根据 TRECVid[38]，概念探测在很多应用案例中都获得了较满意的结果，尤其是对于拥有大量训练样本集的概念。本章文献[40]表明，在电视新闻广播领域能自动探测的概念个数已经达到上千个，其中有 101 个概念在本章文献[39]中被定义，本章文献[36]中定义了 834 个；另外有 491、374 和 311 个概念分别在本章文献[41]、[42]和[40]的研究中被探测。同时，基于概念探测的结果进行更高层语义的查询也同样在查询效率和有效性上有了很大的提高[34-35]。

由于语义网技术在标准化格式以及语义描述能力等诸多方面具有较强优势，本体建模技术在很多信息检索的研究中用于提供精确的语义描述。概念建模和标记本体已经用于视频内容的描述和查询[43]。作为一个研究框架，LSCOM 的研究工作不但提供了大量广播新闻视频标注数据集，而且产生了一组用户用例以及查询主题[36]。在主题相关查询(Topic-Related Retrieval)的研究中,作者比较了视频镜头检索的不同度量方法,并在实验中表明了不同的查询主题或任务能影响度量结果[44]。通过分类器探测出来的概念通常进一步融合以对查询主题进行过滤,然而概念探测的精度将极大地影响过滤的效果,这也在很大程度上反映了这种检索方法对分类器高精度的需求[45]。另外,在本章文献[46]和[47]中作者对用于视频检索的本体进行了研究,而本章文献[48]提出了一个用于图像检索的本体。作为一个层次化的本体资源库,WordNet 在研究中将图像分析和概念探测进行耦合,并通过在视觉概念和通用概念之间建立连接来实现这种耦合[47,49]。通过这种方式,WordNet 中的语义实体利用图像属性进行了扩展,并建立起可感知特征与概念之间的映射关系,这种经过视觉信息增强了的本体可以满足更广泛的需求,并对其中的语义内容进行标注。类似地,研究人员试图建立常用概念探测器与 WordNet 同义词集合之间的直接联系[35]。

以事件的视角对多媒体信息进行挖掘在多媒体信息检索领域已经成为一个较为成熟的概念,这一点可以从本章文献[50]得到充分反映。在该文献中,事件被定义为“在现实世界的特定地点和时间的一种发生”。在这种定义之下,数字记忆中具有空间和时间属性的语义行为结构都可以在本书的讨论中作为事件进行分析,如“去上班”“在家里看电视”“与朋友交谈”等。作为一种通用的事件上下文描述,“5W1H”准则常常用于对事件不同方面的语义进行表示,即“Who,What,Where,When”和“How”。随着智能计算设备尤其是移动式、可穿戴式计算设备的普适应用,对真实世界中事件各方面上下文记录下来的多媒体信息数据量急剧增大。这些与事件语义直接相关的多媒体数据往往包含各种数据源、异构异质的数据类型,如图像、视频、文本、各种传感器数据等。在上述多种媒体类型中,图像和视频数据包含了关于事件语义的更多信息,通过这些信息可以给数字记忆所有者关于事件“Who,What,Where,When”等方面的真实反映,并且可以直接增强用户对“Why,How”等深层事件语义的进一步解释。根据本章文献[51],这些视觉媒体数据事实上是事件语义的载体而并非用户期望的事件本身,因此需要有效的语义挖掘和推理手段,从这些视觉数字记忆中蕴含的不完备的语义中获得更丰富的事件语义内容。传统多媒体信息检索研究的电视新闻视频、电影视频等都是经过预先编辑好的视频镜头组合,而可穿戴式视觉传感捕捉的数字记忆在视觉数据上的多样性和异质数据非结构化的特征,导致了在事件探测和语义分析过程中面临很多传统信息检索研究中未曾出现的困难。虽然在近年来的文献中,研究人员将多媒体信息检索中的语义概念探测技术应用于可穿戴式视觉传感数据在图像层面的分析[52-53],但是这些研究所选取的语义概念有限,研究过程中缺乏基于事件的语义建模和分析方法,无法提供高层事件语义索引的有效手段。

由此可以看出,多媒体信息检索的最新成果并没有在可穿戴式视觉传感的研究中得到充分应用。随着可穿戴式传感设备(如具备感知能力的智能手机、可穿戴式传感器)的普及和成本的不断降低,如何对这种大容量、多通道、多源异质的信息进行有效的检索和对视觉"行为大数据"进行充分挖掘将具有很高的研究价值,也是计算机应用领域的一个发展趋势。

2.3 多概念探测研究现状

由计算机自动决定图像或者视频镜头中是否存在某个语义概念的研究是近十多年来多媒体和计算机视觉领域研究的一个重要课题。早期对自动概念探测的研究往往将探测任务看作一个与其他概念无关的过程,但是研究人员很快意识到这种思路很难有效地扩展到更大量的概念集合,并且无法充分应用概念之间的关系。基于这种认识,多媒体检索领域中出现了不少研究工作开始注重概念间关系的利用,以提高概念探测效果。这些研究可概括为两种模式:多标签学习(Multi-Label Learning)以及对探测结果的提炼(Refinement)或调整(Adjustment)。

对比独立的概念探测器,多标签学习的方法试图同时完成概念分类和概念间相关性建模两个任务。本章文献[54]中介绍了一个典型的多标签学习方法。其中,使用 Gibbs 随机域在分类模型中对概念相关性进行建模。类似的多标签学习的方法还有本章文献[55]中介绍的方法。由于所有的概念是从一个集成的模型中进行学习,这类方法一个突出的缺点是缺乏灵活性,这意味着概念全集发生任何改变时需要重复整个学习阶段。另一方面,该类方法在学习阶段需要建模两两概念的相关性,因此具有高复杂度的缺点。这将极大妨碍这类方法对大规模概念集合的扩展能力,在这种集合下很难建模复杂的概念间关系。

作为一种替代方案,概念探测提炼或调整的方法对单个概念探测器获得的探测结果进行后期增强,从而允许为每个概念采用独立的或各自不同的分类技术。这类后期提炼的方法吸引了大量研究人员的研究兴趣,研究人员往往从标注集中统计概念相关性[56-59],或者从预先构建的知识库[60-62]中推断概念相关性。然而,这些方法都在很大程度上依赖于训练数据或外部知识。如果所要研究的目标概念不存在于词汇本体,或者额外标注好的训练集由于数据量和标注稀疏性的原因不足以准确学习概念的相关性时,则这类方法无法适应这些情况。这类方法存在的另一个困难是,在应用概念相关性时如何准确量化这种相关性对探测结果的调整力度。虽然概念相似度[61]、S 形函数(Sigmoid)[60]、互信息[56]、随机游走[57-58]、条件随机场[59]等方法在不同的研究中都得到了尝试,但在概念探测结果的提炼过程中仍存在不同程度的困难和挑战。在索引电视新闻视频的研究[63-64]中,一种先进的探测结果调整的方法是,首先从训练集学习得到概念相关性图谱,然后对测试集采用这种相关性图谱进行优化。这个过程在很大程度上依赖于两个数据集的同质性(Homogeneity),然而在实际情况中这个假设往往很难满足,因而,导致对不同目标媒体如用户生成的多媒体内容进行索引增强的难度增大。

2.4　概念驱动的行为识别现状

本书研究中进行视觉生活记录的一个目的是对可穿戴视觉传感用户的日常行为活动或事件进行自动的机器识别,以支持新的应用。在诸如辅助记忆、工作相关记录等应用领域,对用户行为的充分理解往往是非常必要的,但目前这些领域的研究在获取人类行为语义信息方面的能力仍然非常有限。尤其在需要处理长时间积累下来的多媒体数据(如多年的行为传感数据)的情况下,仅依赖非常有限的元数据(如有限的人工标注)进行行为语义的发现仍面临很大的挑战。

在视觉生活记录的研究中,已经有很多工作致力于对行为记录进行处理,如自动事件分割[65]、事件表示[66]、生活模式研究[67]、事件增强[68]等。这些工作均在研究中以可穿戴式视觉传感设备记录的图像流作为分析媒介,其中一些研究还通过其他途径获得 GPS 位置、日期和时间等元数据。在活动相关的概念探测[52]中,从大量生活记录数据中进行语义学习的研究显示出较大的潜力,并且验证了使用监督机器学习技术将低层的视觉特征关联到高层语义概念(如"室内""室外""人""建筑"等)具有良好的效果。这种方法随后得到进一步的应用,即通过进行日常概念的自动探测,实现了从不同用户收集的生活记录中自动总结各自的生活规律[53]。

尽管上述许多方法对某些任务(如膳食监测)能够表现出一定的有效性,但是,目前仍然缺乏准确的索引方法用于从大量的生活记录数据中定位和检索出感兴趣的活动。为了应对这样的挑战,基于概念的事件识别在近几年来的研究中备受关注。在 Tan 等人的工作[69]中,提出了一种基于规则的方法,根据概念识别的结果生成视频内容的文字描述。研究人员还发现,虽然当前最新的概念检测结果远远不够精确,这些探测结果仍然能够为事件分类提供有用的线索用于完成更高层的事件探测。本章文献[70]中的工作以支持向量机获得的语义模型向量为中间表示,作为用于识别更复杂事件的基础。这种新的表示方法不但优于低层视觉特征描述,并且在事件建模的任务中与低层特征具有互补性。类似的工作也已经在生活记录分析中得到应用,例如,使用概念探测的结果用于对日常行为进行刻画[71]。该文献中提出的日常行为识别方法同样建立在语义概念探测的基础上。

2.5　本章小结

本章介绍了与可穿戴式语义感知紧密相关的研究现状,并从可穿戴式感知的应用、多媒体语义检索、多概念探测、概念驱动的行为识别等方面进行展开,这些相关的研究领域都与后续章节介绍的工作息息相关。可穿戴式感知的应用现状对第1章中可穿戴式产品的应用进行了更加详细的介绍,重点从学术文献分析的角度介绍了可穿戴式感知在自动日记、辅助记忆、日常行为分析等领域采用的方法和得到的效果。多媒体语义检索和多概念探测的研究现状,主要介绍了对可穿戴式传感设备所记录的多媒体数据进行语义分析处理可能采取的常用方法。概念驱动的行为识别,则将反映用户行为的一系列传感器数据表示为概念出现的时间序列,从而介绍了将这种语义的时序关系进行动态建模的研究现状。

参 考 文 献

[1] Lee H, Smeaton A F, O'Connor N E, et al. Constructing a SenseCam visual diary as a media process[J]. Multimedia Systems, 2008, 14(6): 341-349.

[2] Gemmell J, Aris A, Lueder R. Telling stories with MyLifeBits: Proceedings of the 2005 IEEE International Conference on Multimedia and Expo[C]. [S.l.]: IEEE, 2005.

[3] Byrne D, Jones G J F. Towards computational autobiographical narratives through human digital memories: Proceedings of the 2nd ACM International Workshop on Story Representation, Mechanism and Context[C]. New York: ACM, 2008.

[4] Connaire C Ó, O'Connor N E, Smeaton A F, et al. Organizing a daily visual diary using multi-feature clustering: Proceedings of SPIE Multimedia Content Access: Algorithms and Systems[C]. Bellingham: SPIE, 2007.

[5] Doherty A R, Smeaton A F. Automatically segmenting lifelog data into events: Proceedings of the 2008 Ninth International Workshop on Image Analysis for Multimedia Interactive Services[C]. [S.l.]: IEEE, 2008.

[6] Gaonkar S, Li J, Choudhury R R, et al. Micro-Blog: Sharing and querying content through mobile phones and social participation: Proceedings of the 6th International Conference on Mobile Systems, Applications, and Services[C]. New York: ACM, 2008.

[7] Wood K, Fleck R, Williams L. Playing with SenseCam: Proceedings of Playing with Sensors at UbiComp 2004[C]. Berlin: Springer-Verlag, 2004.

[8] Blighe M, Sav S, Lee H, et al. Mo Músaem Fíorúil: A web-based search and information service for museum visitors: Proceedings of 2008 International Conference on Image Analysis and Recognition[C]. Berlin: Springer, 2008.

[9] Sellen A, Fogg A, Aitken M, et al. Do life-logging technologies support memory for the past? An experimental study using SenseCam: Proceedings of the SIGCHI Conference on Human Factors in Computing Systems[C]. New York: ACM, 2007.

[10] Gemmell J, Bell G, Lueder R, et al. MyLifeBits: fulfilling the Memex vision: Proceedings of the 10th ACM International Conference on Multimedia[C]. New York: ACM, 2002.

[11] Gurrin C, Byrne D, O'Connor N, et al. Architecture and challenges of maintaining a large-scale, context-aware human digital memory: Proceedings of the 5th IET Visual

Information Engineering Conference[C].[S.l.: s.n.],2008.

[12] Berry E, Kapur N, Williams L, et al. The use of a wearable camera, SenseCam, as a pictorial diary to improve autobiographical memory in a patient with limbic encephalitis: A preliminary report[J]. Neuropsychological Rehabilitation,2007,17(4-5):582-601.

[13] Vemuri S, Schmandt C, Bender W, et al. An audio-based personal memory aid: Proceedings of International Conference on Ubiquitous Computing[C]. Berlin: Springer-Verlag,2004.

[14] Vemuri S,Bender W. Next-generation personal memory aids[J]. BT Technology Journal, 2004,22(4): 125-138.

[15] Blum M, Pentland A S, Tröster G. InSense: Interest-based life logging [J]. IEEE Multimedia,2006,13(4): 40-48.

[16] Jacques P L S,Conway M A,Lowder M W,et al. Watching my mind unfold versus yours: an fMRI study using a novel camera technology to examine neural differences in self-projection of self versus other perspectives[J]. Journal of Cognitive Neuroscience,2011, 23: 1275-1284.

[17] Reddy S, Parker A, Hyman J, et al. Image browsing, processing, and clustering for participatory sensing: lessons from a DietSense prototype: Proceedings of the 4th Workshop on Embedded Networked Sensors[C]. New York: ACM,2007.

[18] Wang D H, Kogashiwa M, Kira S. Development of a new instrument for evaluating individuals' dietary intakes[J]. Journal of the American Dietetic Association,2006,106 (10): 1588-1593.

[19] Farmer A, Gibson O, Hayton P, et al. A real-time, mobile phone-based telemedicine system to support young adults with type 1 diabetes[J]. Informatics in Primary Care, 2005,13(3): 171-178.

[20] Kim H,Kim N,Ahn S. Impact of a nurse short message service intervention for patients with diabetes[J]. Journal of Nursing Care Quality,2006,21(3): 266-271.

[21] Law M,Steinwender S,Leclair L. Occupation,health and well-being[J]. Canadian Journal of Occupational Therapy,1998,65(2): 81-91.

[22] McKenna K,Broome K,Liddle J. What older people do: Time use and exploring the link between role participation and life satisfaction in people aged 65 years and over[J]. Australian Occupational Therapy Journal,2007,54(4): 273-284.

[23] Mégret R, Dovgalecs V, Wannous H, et al. The IMMED project: wearable video monitoring of people with age dementia: Proceedings of the International Conference on Multimedia[C]. New York: ACM,2010.

[24] Kelly P,Doherty A,Berry E,et al. Can we use digital life-log images to investigate active and sedentary travel behaviour? Results from a pilot study[J]. The International Journal of Behavioral Nutrition and Physical Activity,2011,8(1): 44.

[25] Karaman S, Benois-Pineau J, Megret R, et al. Activities of daily living indexing by hierarchical HMM for dementia diagnostics: Proceedings of the 9th International

Workshop on Content-Based Multimedia Indexing[C].[S.l.]: IEEE,2011.

[26] Megret R,Szolgay D,Benois-Pineau J,et al. Wearable video monitoring of people with age dementia: Video indexing at the service of healthcare: International Workshop on Content-Based Multimedia Indexing[C].[S.l.]: IEEE,2008.

[27] Barreau D, Crystal A, Greenberg J, et al. Augmenting memory for student learning: Designing a context-aware capture system for biology education: Proceedings of the American Society for Information Science and Technology[C].[S.l.: s.n.],2006.

[28] Fleck R, Fitzpatrick G. Supporting collaborative reflection with passive image capture: Supplementary Proceedings of COOP'06[C].[S.l.: s.n.],2006.

[29] Byrne D,Doherty A R,Jones G J F,et al. The SenseCam as a tool for task observation: Proceedings of the 22nd British HCI Group Annual Conference on People and Computers: Culture,Creativity,Interaction[C]. Swindon: BCS Learning & Development Ltd.,2008.

[30] Kumpulainen S,Jävelin K,Serola S,et al. Data collection methods for analyzing task-based information access in molecular medicine: Proceedings of the 1st International Workshop on Mobilizing Health Information to Support Healthcare-related Knowledge Work[C].[S.l.: s.n.],2009.

[31] Karim S, Andjomshoaa A, Tjoa A M. Exploiting SenseCam for helping the blind in business negotiations: Proceedings of Computers Helping People with Special Needs[C]. Berlin: Springer,2006.

[32] Zacks J M, Braver T S, Sheridan M A, et al. Human brain activity time-locked to perceptual event boundaries[J]. Nature Neuroscience,2001,4: 651-655.

[33] Campbell M,Haubold A,Ebadollahi S,et al. IBM research TRECVid-2006 video retrieval system: TREC Video Retrieval Evaluation Proceedings[G],[S.l.: s.n.],2006.

[34] Neo S,Zhao J,Kan M,et al. Video retrieval using high level features: Exploiting query matching and confidence-based weighting: Proceedings of Conference of Image and Video Retrieval[C]. Berlin: Springer,2006.

[35] Snoek C G M, Huurnink B, Hollink L, et al. Adding semantics to detectors for video retrieval[J]. IEEE Transactions on Multimedia,2007,9(5): 975-986.

[36] Naphade M,Smith J R, Tesic J, et al. Large-scale concept ontology for multimedia[J]. IEEE Multimedia,2006,13(3): 86-91.

[37] DTO Challenge Workshop on Large Scale Concept Ontology for Multimedia. LSCOM lexicon definitions and annotations: Columbia University ADVENT Technical Report: 217-2006-3[R/OL].[2018-01-15]. https://www.ee.columbia.edu/ln/dvmm/lscom/LSCOM.v1.pdf.

[38] Smeaton A F,Over P,Kraaij W. High level feature detection from video in TRECVid: a 5-year retrospective of achievements[M]. Divakaran A. Multimedia Content Analysis: Theory and Applications.[S.l.]: Springer US,2009: 151-174.

[39] Snoek C G M, Worring M, Gemert J C, et al. The challenge problem for automated detection of 101 semantic concepts in multimedia: Proceedings of the 14th Annual ACM

International Conference on Multimedia[C]. New York: ACM,2006.

[40] Li X,Wang D,Li J,et al. Video search in concept subspace: A text-like paradigm: Proceedings of the 6th ACM International Conference on Image and Video Retrieval[C]. New York: ACM,2007.

[41] Snoek C G M,Gemert J C,Gevers T,et al. The MediaMill TRECVid 2006 semantic video search engine: Proceedings of the 4th TRECVid Workshop[C].[S.l.: s.n.],2006.

[42] Chang S,Hsu W,Jiang W,et al. Evaluating the impact of 374 visual-based LSCOM concept detectors on automatic search: Proceedings of the 4th TRECVid Workshop[C]. [S.l.: s.n.],2006.

[43] Moënne-Loccoz N,Janvier B,Marchand-Maillet S,et al. Managing video collections at large: Proceedings of the 1st International Workshop on Computer Vision Meets Databases[C]. New York: ACM,2004.

[44] Yang M,Wildemuth B M,Marchionini G. The relative effectiveness of concept-based versus content-based video retrieval: Proceedings of the 12th Annual ACM International Conference on Multimedia[C]. New York: ACM,2004.

[45] Christel M G,Naphade M R,Natsev A,et al. Assessing the filtering and browsing utility of automatic semantic concepts for multimedia retrieval: Proceedings of the 2006 Conference on Computer Vision and Pattern Recognition Workshop [C]. [S. l.]: IEEE,2006.

[46] Luo H,Fan J. Building concept ontology for medical video annotation: Proceedings of the 14th Annual ACM International Conference on Multimedia[C]. New York: ACM,2006.

[47] Hollink L,Worring M,Schreiber A. Building a visual ontology for video retrieval: Proceedings of the 13th Annual ACM International Conference on Multimedia[C]. New York: ACM,2005.

[48] Wang H,Liu S,Chia L. Does ontology help in image retrieval?: A comparison between keyword,text ontology and multi-modality ontology approaches: Proceedings of the 14th Annual ACM International Conference on Multimedia[C]. New York: ACM,2006.

[49] Hoogs A,Rittscher J,Stein G,et al. Video content annotation using visual analysis and a large semantic knowledge base: Proceedings of IEEE Conference on Computer Vision and Pattern Recognition[C].[S.l.]: IEEE,2003.

[50] Xie L,Sundaram H,Campbell M. Event mining in multimedia streams[J]. Proceedings of the IEEE,2008,96(4): 623-647.

[51] Westermann U,Jain R. Toward a common event model for multimedia applications[J]. IEEE Multimedia,2007,14: 19-29.

[52] Byrne D,Doherty A R,Snoek C G M,et al. Everyday concept detection in visual lifelogs: validation,relationships and trends. Multimedia Tools and Applications[J],2010,49(1): 119-144.

[53] Doherty A R,Caprani N,Conaire C,et al. Passively recognizing human activities through lifelogging[J]. Computers in Human Behavior,2011,27: 1948-1958.

[54] Qi G, Hua X, Rui Y, et al. Correlative multi-label video annotation: Proceedings of the 15th International Conference on Multimedia[C]. New York: ACM, 2007.

[55] Xue X, Zhang W, Zhang J, et al. Correlative multi-label multi-instance image annotation: Proceedings of the International Conference on Computer Vision[C].[S.l.]: IEEE, 2011.

[56] Kennedy L S, Chang S F. A reranking approach for context-based concept fusion in video indexing and retrieval: Proceedings of the 6th ACM International Conference on Image and Video Retrieval, Amsterdam[C]. New York: ACM, 2007.

[57] Wang C, Jing F, Zhang L, et al. Image annotation refinement using random walk with restarts: Proceedings of the 14th ACM International Conference on Multimedia[C]. New York: ACM, 2006.

[58] Wang C, Jing F, Zhang L, et al. Content-based image annotation refinement: Proceedings of IEEE Conference on Computer Vision and Pattern Recognition[C].[S.l.]: IEEE, 2007.

[59] Jiang W, Chang S F, Loui A. Context-based concept fusion with boosted conditional random fields: Proceedings of the IEEE International Conference on Acoustics, Speech and Signal Processing[C].[S.l.]: IEEE, 2007.

[60] Wu Y, Tseng B, Smith J. Ontology-based multi-classification learning for video concept detection: Proceedings of the IEEE International Conference on Multimedia & Expo[C]. [S.l.]: IEEE, 2004.

[61] Jin Y, Khan L, Wang L, et al. Image annotations by combining multiple evidence & WordNet: Proceedings of the 13th Annual ACM International Conference on Multimedia [C]. New York: ACM, 2005.

[62] Li B, Goh K, Chang E Y. Confidence-based dynamic ensemble for image annotation and semantics discovery: Proceedings of the 11th Annual ACM International Conference on Multimedia[C]. New York: ACM, 2003.

[63] Jiang Y G, Dai Q, Wang J, et al. Fast semantic diffusion for large-scale context-based image and video annotation[J]. IEEE Transactions on Image Processing, 2012, 21(6): 3080-3091.

[64] Jiang Y G, Wang J, Chang S F, et al. Domain adaptive semantic diffusion for large scale context-based video annotation: Proceedings of the 12th IEEE International Conference on Computer Vision[C].[S.l.]: IEEE, 2009.

[65] Wang P, Smeaton A F. Aggregating semantic concepts for event representation in lifelogging: Proceedings of the International Workshop on Semantic Web Information Management[C]. New York: ACM, 2011.

[66] Kelly P, Doherty A R, Smeaton A F, et al. The colour of life: novel visualizations of population lifestyles: Proceedings of the International Conference on Multimedia[C]. New York: ACM, 2010.

[67] Doherty A R, Smeaton A F. Automatically augmenting lifelog events using per- vasively generated content from millions of people[J]. Sensors, 2010, 10(3): 1423-1446.

[68] Tan C C, Jiang Y G, Ngo C W. Towards textually describing complex video contents with

audio-visual concept classifiers: Proceedings of the 19th ACM International Conference on Multimedia[C]. New York: ACM,2011.

[69] Merler M, Huang B, Xie L, et al. Semantic model vectors for complex video event recognition[J]. IEEE Transactions on Multimedia,2012,14(1): 88-101.

[70] Wang P, Smeaton A F. Using visual lifelogs to automatically characterize everyday activities[J]. Information Sciences,2013,230: 147-161.

第3章　基于语义的视觉媒体处理

3.1　特征提取及表示

在多媒体分析领域,特征用于从原始的多媒体数据中获得后续应用的元数据。从多媒体对象(如视频、图像等)获得特征的过程称为特征提取[1]。这个过程通常是自动完成的,因此,可灵活应用于可穿戴式感知这种对效率要求较高的应用中。特征提取常常分为两层特征(即低层特征和高层特征)进行探讨,以反映所提取出的特征与媒体语义相关性的程度。

3.1.1　低层特征

总的来说,低层特征指的是数据出现的模式和统计结果,这些特征相比与对媒体内容的文字描述来说具有更少的含义。由于低层特征提取完全是一种数学计算,因此很容易实现提取过程的计算机自动处理。以文本文档为例,低层特征可以从文档中每个文字出现的频率进一步导出,并去除文档中对表达文档语义没有贡献的停用词,如英文单词中的“the”“a”等。对于其他媒体如视频和图像来说,常用的低层特征包括语音中的平均能量、过零率、静音率等,以及视觉中的颜色、纹理、形状等[1]。

尽管低层特征通常不直接用于检索,更具含义的特征可以建立在低层特征之上,并用于进一步的分析。使用低层特征的优势可以归纳如下。

(1) 强表达能力。对比原始的输入数据,低层特征可以更加准确地表示数据各方面的属性。

(2) 低存储空间。从原始数据(如图像)中提取出来的低层特征,相比原始图像的像素来说,需要少得多的存储空间。

(3) 维度降低。同样以图像为例,由于原始图像的像素阵列通常维度非常高,所提取的特征可以极大降低计算维度。同时,一些处理技术如隐语义分析、主成分分析等也可用于所提取的特征以进一步实现降维。

(4) 较少的计算开销。由于维度的降低,采用提取后的低层特征可以使两个特征向量之间的比较更加容易和迅速。

视觉媒体(如图像)是可穿戴式感知的重要语义信息来源,本书将详细介绍图像表示所需的典型特征。

1. 颜色特征

每幅图像都由特定数量的像素组成。由于每个像素都有一个在颜色范围内的值(对于黑白图像是灰度值),颜色特征可用于描述图像的内容[2],包括:

(1) 颜色直方图。颜色直方图可以反映在离散颜色取值上的像素分布。该直方图通过简单对给定一组颜色范围中具有某个颜色值的像素进行计数来获得。颜色直方图广泛用于通过视觉相似度对图像进行区分。

(2) 可伸缩颜色。可伸缩颜色是另一个在整个图像上对颜色分布进行度量的描述符。在进行计算时,将颜色空间固定为 HSV 空间,并均匀量化为 256 份,其中包括 H 中的 16 个层级,S 中的 4 个层级,以及 V 中的 4 个层级。可伸缩颜色的直方图基于 Haar 变换进行编码,以减少这种表示的大小,同时允许可伸缩的编码[3]。

(3) 颜色布局。类似于颜色直方图和可伸缩颜色,颜色布局也作为 MPEG-7 视觉描述符进行设计,以捕捉一幅图像或者任意形状区域中的颜色分布。它是在 YCbCr 颜色空间中定义的一种紧凑和不变分辨率的颜色描述符。颜色布局使用 8×8 网格,并采用 DCT 变换,将得到的系数进行编码。少量低频系数被采用 Z 字形扫描方式选择,其中亮度的 6 个系数和每个色度的 3 个系数被保留,构成一个十二维的颜色布局矩阵[3-4]。

2. 纹理特征

类似于颜色特征,纹理特征是另一种用于图像检索的低层描述符,并可以自动完成抽取。纹理描述符将一幅图像当成不同纹理区域的马赛克图案[5],与这些区域对应的图像特征被用于图像查找。三种纹理描述符在 MPEG-7 中被采用,包括纹理浏览、均匀纹理和边缘直方图。如本章文献[4]所描述,当一幅图像中存在均匀区域、优势方向等模式时,所有这些描述符都被计算。

3. 形状特征

图像形状通常由一组点的样本所表示,这些点样本从形状轮廓中抽取出来,例如从一个边缘检测结果采样 100 个像素位置。这些表示点的选择并没有特别的需求,也就是说,它们不必是地标点或者曲线的极值等[6]。基于形状的特征,使用形状边界或者整个形状区域用于捕捉图像中的局部几何属性。傅里叶描述符是一个基于边界的形状特征表示,而不变矩使用基于区域的矩,这些矩对于变换来说是恒定的[7]。形状上下文是另一种形状描述符,用于描述对于一个给定点的其余形状点的粗略分布。这种描述符已经在人类动作识别[8]、商标检索[9]等应用中被采纳。采用形状描述,可以将两个形状的比较转换成从两个形状中寻找具有相似形状上下文的样本点。

3.1.2 高层特征

高层特征指的是对终端用户具有语义内含的特征。尽管低层特征对于终端用户来说是不可读的，然而高层特征能够以一种更方便接受的方式将媒体的语义表示为“概念”，例如室内、室外、植被、计算机屏幕等。这些特征可以为低层特征和用户期望提供一个有含义的链接。对高层特征的提取需要连接低层特征与高层特征之间的鸿沟，该鸿沟在多媒体信息检索领域被称为语义鸿沟。

语义概念通常采用数学的方法进行自动的探测，即将低层特征映射到高层特征上。研究人员往往常采用机器学习的方法，如支持向量机，确定给定的抽取出来的特征所对应的最可能的概念[10]。支持向量机是一种判别式的模型，该模型具有更多面向任务的特点，而马尔可夫模型等生成式统计模型用于分析变量的联合概率，这类方法也在概念标注的研究中得到应用[11]。生成式和判别式方法都有各自的优缺点。生成式模型是一个多变量的完全概率模型，而判别式模型则具有有限的建模能力。这是因为判别式模型提供仅仅以观察变量为条件的目标变量的模型，因此很难表达观察变量和目标变量的复杂关系。然而，判别式模型通常更容易学习，并且执行起来也比生成式模型更快。并且研究表明，在大训练数据集（通常包含正样本和负样本）的情况下，判别式分类器常常比生成式分类器获得更好的分类性能。在很多机器学习算法中，支持向量机是一种高效的判别式方法，并且具有很强的理论基础，在诸如手写识别、图像检索和文本分类等任务中具有出色的表现[12]。很多研究表明，支持向量机在概念探测任务中是一个高效的框架[13-14]，并且在本书概念索引任务中也被用作一种基础分类算法。

通过学习进行分类的模型一般包含一个大量标注数据集构成的语料库。由于不可能为所有概念构建探测器，因此需要为能够满足不同应用域的概念构建探测器。一般情况下，多媒体内容检索的解决方案集中于特定的域。例如，LSCOM 概念本体和 MediaMill 的 101 个概念探测器主要解决电视新闻检索领域的问题。在本书中，我们将探讨日常行为分析领域所需要的高层特征，例如 SenseCam 图像中的语义概念。

3.2 基于内容和基于概念的检索

3.2.1 基于内容的检索

由于低层特征可以从媒体对象中自动抽取出来，因此基于这些特征对媒体对象的比较则形成了基于内容的检索。使用基于内容的检索，一个多媒体信息系统可以以隐含的方式处理概念。尽管在基于内容检索中假定低层特征对应于查询语义，然而这种映射并没有被建模。颜色、纹理、形状等特征被广泛应用于基于内容的检索[2,15-16]。在视频检索中,从语音中提取的文本特征、字幕等[17-23]也被用于和图像特征进行结合并用于内容检索。

3.2.2　基于概念的检索

更多的研究表明了基于内容的检索的局限性,即使用低层特征无法解决语义鸿沟的问题。高层特征的引入,表明了其在填补或者至少减少这种语义鸿沟过程中的优势。采用高层特征的检索称为基于概念的检索。基于概念的检索以一种显式的方式来处理概念,并将用户查询表达为高层概念,而不是低层特征[10]。

进行高层特征识别的方法可以归纳为两种类型,即专用的方法和通用的方法。专用的方法尝试捕捉不同领域中从低层特征到高层特征的直接映射[24-26]。这些方法通常是基于规则的方法,因此对于一个新的概念,则需要开发新的映射规则。如此多的特定方法或者专门方法导致的多样性问题,可以通过采用通用的方法得到解决[27-31]。一系列概念探测器可以在基于概念的检索中学习得到并作为词汇使用,这些词汇还可以通过多用途的词典(如 WordNet)或者特定领域的本体得到丰富。通过采用通用的机器学习范例,尤其是对于那些具有足够标注训练数据的部分概念和相关的任务[32],在研究中得到了比较满意的结果。通过将用户查询准确表示为概念探测器,基于高层概念的检索已经获得比较成功的进展,这种对用户查询进行准确表示的过程称为概念选择[10,33]。

3.2.3　概念选择/查询扩展

查询扩展是在检索过程中常用的一种方法,该方法尤其在文档检索的应用中得到了发展。查询扩展的出发点是通过为查询增加更多的词,从而更明确地表达该查询,以达到提高检索效果的目的。在基于概念的多媒体检索中也存在类似的情况,即通过自动地扩展视频探测中的概念集合,使更多关于相同检索对象的概念被包含在内。这种扩展通常会得到更加精确的查询表示。理论上,查询—概念的映射用于将用户的期望翻译为一组概念集合,这个过程称为概念选择。尽管很多研究表明,通用的方法可以从大量人工标注的语料库中学习概念识别方法,但是构建与人类词汇相当数量级的概念探测器仍然是不现实的。文本方法[10]和基于集合的统计方法[34-35]均可以被用于概念选择,然而更多的研究则倾向于使用本体来选择相关的概念[10,36]。

3.3　以事件为中心的媒体处理

研究人员已经广泛地认识到,事件是人类组织自身记忆的基本单元[37]。对个人照片组织的研究也表明,人们通常根据事件考虑他们自己的照片,例如这些事件对应于特定的主题(如婚礼、假期、生日等),尽管这些主题可能在人类的意识里只是松散地被定义[38-40]。在现代多媒体处理中,事件通过采用不同的方式被表示出来,例如文本、图像、视频,以及其他一些传感器数据等。尽管如此,目前并没有一种通用的事件模型真正意义上构成一个事件并被不同的领域所接受。这一问题在前期的研究中已经逐渐受到业界的重视。例如,ACM 多媒体事件国际研讨会(EiMM09)从 2009 年开始每年举办一次。

由于人类的日常生活在记忆中作为事件进行组织,因此,事件在可穿戴式感知的研究中起到了非常重要的作用。并且人类还经常以事件的形式对未来的生活进行计划和预见。因此,在可穿戴式感知的研究中需要一个一致的事件模型以及事件为重心的观点,以指导对可穿戴式生活记录进行语义解释和处理。

在传统日记中,我们将有意义或者重要的行为或观点写下来,以用于一段时间之后进行回顾。为了生成一个数字化的日志并反映用户生活的各个方面,主要的事件尤其是最让人感兴趣和不同寻常的事件应该被识别出来,并表示为日记的一部分。采用可穿戴式传感器,由此采集的数据不但可以用来记录每天发生的主要活动,并且可以包含位置、周边的人等事件细节,由事件所得到的图像也使得有效重构人们生活中最重要的事件成为可能。对日常事件和事件边界进行可靠的和准确的识别与理解,有助于在大量行为的数据记录中进行更好的事件管理与检索。

本书采用图 3-1 事件模型和分层结构来表示可穿戴式感知过程中的事件,以及事件所包含的媒体内容。该事件结构包括下面三层。

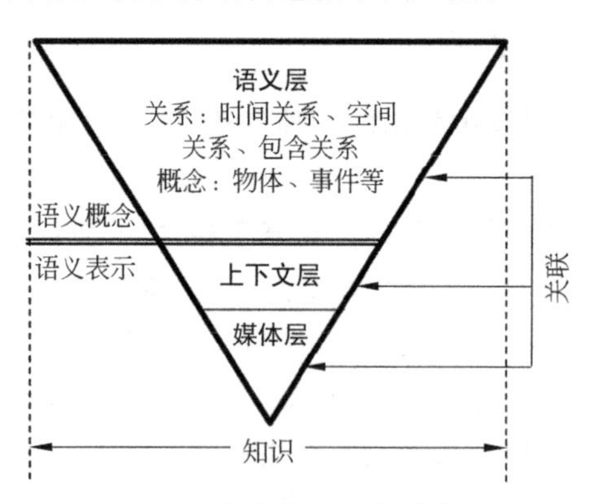

图 3-1 事件模型和分层结构

(1) 语义层。语义层表示了数据本身所蕴含的语义内容。在该层中,如对象、活动等概念语义以及事件主题和关系(如时间空间关系、对等和包含关系等)将被进一步解释,以在更高的层次进行理解。

(2) 上下文层。上下文层包含了能够表示事件不同侧面的上下文。时间空间方面是描述事件的基本物理上下文,即事件是沿着时间和空间轴延伸而开展的。在可穿戴式感知研究中,这两个上下文与感知媒体的时间属性和空间位置紧密相关。除此之外，事件所涉及的人员和实体以及进一步的信息也需要在上下文层中包含，从而和时空上下文一起回答关于事件的"Who，What，Where，When"问题。

(3) 媒体层。物理的和形式化的内容在媒体层中被媒体所表示，例如像素、传感器数据、编码机制等。尽管语义事件是在任何媒体之外独立存在和发生的，丰富的媒体文档对于用户进行可穿戴式生活记录中事件的浏览也是必不可少的。

上述的媒体层和上下文层强调了可穿戴式生活记录的感知和语法两个方面。然而，语义层则表示了更适合人类对感知内容进行理解的含义方面。在图 3-1 中，由水平范围所表示的知识在整个事件模型中覆盖了所有的三个层次，以表示在每一层中知识内容和推理的重要性。从图上可以注意到，知识的数量在从上到下的过程中是逐渐减少的。模型顶部的语义层包含了更丰富的知识，这可以从图 3-1 中更宽的知识跨度反映出来。这也意味着语义层包含更多可以从隐含内容中得到的概念和关系，这些知识在对用户情况理解的过程中比上下文信息更具有决定作用。这三个层次相互关联，从而可以为生成一种数字化的事件生活记录，满足结构和经验上的需要。从上面可以看出，为获得事件理解所需的丰富语义，对从媒体层识别到的上下文进行融合是非常关键的步骤，本书也是在此认识的基础上开展后续可穿戴式日常行为语义感知和增强处理的。

3.4 日常行为感知及挑战

3.4.1 日常行为感知——以 SenseCam 为例

作为一种信息量丰富的可穿戴式设备，可穿戴式视觉传感器可以在自由环境中进行日常行为的连续记录并通过处理完成行为识别。在可穿戴式生活记录中，通常采用移动传感设备，这些设备可以直接被用户以穿戴的方式进行固定，例如通过固定在头部[41-42]或者固定在胸前[43-44]的方式对外界变化进行采集。在本章文献[45]中，作者对生成自动的日记以及构建生活日志系统中的关键问题和挑战进行了探讨。在本章文献[46]中，其他多种传感器(如加速度计、GPS、图像和音频等)通过智能手机进行了记录，并基于标注的日常行为进行了实际应用。尽管这些工作在某种程度上体现了其方法的有效性，但是这种直接从低层特征(如颜色和纹理)映射到语义标识的方法在描述行为语义，例如在更好地理解场景、物体等内容出现的过程中仍缺乏灵活性。近期在本章文献[47]中的工作也同样强调了这个问题的重要性。

作为日常活动的一种真实反映，这些记录下来的多媒体数据内容需要通过浏览、索引的方式进行管理，以获得大量日常事件的深层次含义。当前，在多媒体信息检索研究领域，对图像和视频进行有效索引的途径是，采用统计学习的方法将低层图像特征(如形状和颜色等)映射到更高层的语义概念(如"室内""建筑""走路"

等)。根据 TRECVid 国际标准评测的结果[32],一些概念的探测结果已经达到可以接受的程度,尤其是对于某些具有足够标注数据用于训练的概念。将语义概念的自动探测技术引入视觉生活记录,使得对大量传感器记录进行内容查询变得更加可行,在此基础上,可以将索引结果应用于对日常生活规律进行有效描述等上层应用。然而,由于人类从事行为的多样性特点,并且人与人在行为表现方面的不同,大量不同的语义概念可能出现在视觉传感记录中,这大大增加了自动概念探测的难度,从而提高了由此分析行为的难度。另外,由于图像在捕获过程中穿戴者自身的运动,即使在同一个行为事件片段中的图像也会有很显著的视觉差异。这就给基于探测出的语义概念进行日常行为特征刻画,带来了极大的挑战。

图 3-2 所示的 SenseCam 具有体积小、重量轻、可穿戴式,以及集成多种传感器的特点。SenseCam 集成有自动照相设备,采用鱼眼光学镜头,以穿戴者即第一人称的视角,对穿戴者所看到的外界环境进行图像记录。SenseCam 能在穿戴者不做任何干预的情况下,以大约 40 秒/次的速率连续进行拍照。另外,SenseCam 内嵌的红外传感器、温度传感器、加速度计等能够在感知穿戴者外界环境突然变化时,自动触发照相设备进行即时图像采集。由于其自身的优越性,SenseCam 在支持对过去事情的辅助回忆[43,48]、膳食监测[49]、行为识别[50]、体育训练[49]等方面都表现出有效性。由于 SenseCam 的多传感器感知能力、重量轻、电量续航时间长等特点,本书的研究工作采用 SenseCam 作为可穿戴式设备对用户的日常行为进行详细的实验记录。

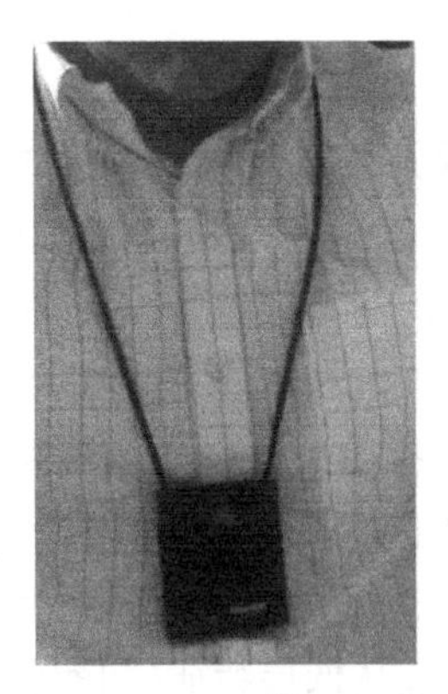

图 3-2 SenseCam 可穿戴式视觉传感设备及穿戴示例

应用可穿戴式视觉传感构建的"数字记忆"面对的最大问题就是对大量数据的有效检索问题,例如用户使用 SenseCam 在一天中平均可以采集和记录多达 2500 幅图像。单纯通过人工的方式浏览这些图像并查找感兴趣的内容是非常耗时的,从几个月或几年的数字记忆中查询目标事件,或者以人工方式进行统计分析,其难度更是可想而知。不同于传统的视频或图像处理,对这些视觉传感数据的处理往往还要结合各种不同传感器产生的大量异质数据。以 SenseCam 为例,其内嵌的温度、加速度计、红外传感器等同时记录了各种上下文数据，并且和采集的视觉图像进行同步。我们在实验中发现，如果结合 GPS 及蓝牙等外部传感数据，这些传感器在一天中就要产生大约 6000 条 GPS 记录、3000 条蓝牙探测结果，以及 SenseCam 产生的 16000 条加速度计信息。另外，由于人们个人行为事件的多样性，使用可穿戴式视觉采集设备记录的媒体中蕴含大量的语义概念，这就给自动概念探测带来了很大的困难。

对多媒体数据自动进行概念标注，即概念探测，是将非结构化的多媒体数据转换成计算机可理解的语义内容进行索引的关键环节。作为对可穿戴式传感器采集的多媒体数据的一项处理，语义概念探测是后期在事件层进行语义融合建模进而完成个人行为识别的基础。也就是说，语义概念出现的时间规律可以对图像序列从更高的层次进行刻画。例如，在“做饭”行为中，视觉概念(如“冰箱”“微波炉”等)通常以序列方式交替出现，并且与其他概念如“手”等频繁进行交互。例如，一个常见的规律是在打开冰箱之后，往往紧接着会出现启动微波炉的事件发生。这些规律可以被认为是概念的时间语义特征，并用于对更复杂时间序列(如行为事件)的进一步识别。

3.4.2　可穿戴式行为感知处理框架

精确度量人类的日常行为在很多方面可以带来重大的价值，在分析人类行为规律、膳食监测、职业治疗、辅助独立生活等领域都有广泛的应用前景。对日常行为度量的传统方法是采用个人报告的方法，即利用人工调查的方法对参与人员进行的某些值得关注的行为(如饮食行为等)进行回忆和统计。由于这种个人报告的方式在很大程度上受到个人经历、知识水平、回答者的理解程度等多方面的限制，客观的观测方法，如采用传感器记录并分析，在这些领域中获得了很强烈的需求，以提供对日常行为各方面的客观评估。因为频繁的现场观察非常耗时，并且受到评估人员各方面条件(如场地和时间)的限制，对日常行为的度量需要一种有效的解决方案，以帮助从大量传感器记录的行为数据中定位出具有实际意义的行为片段。当前移动智能设备和可穿戴式传感器的广泛普及，以及内嵌的多传感能力和强大计算能力，使得这种精确度量日常行为的方法逐渐成为可能。

由于精确度量日常行为的重要性和业界需求，研究人员开始采用数字传感设备记录多种上下文数据，以从更细粒度反映物理行为片段的各方面要素。目前，可穿戴式传感设备具有体积小、重量轻、电池续航时间长的特点，将这些传感设备应用于自动行为度量开辟了新的研究领域。在实际应用中，可穿戴式视觉传感大多数采用图像或视频等视觉媒体数据，这些数据往往包含更丰富的语义信息，因此，本书将重点针对此类非结构化的海量多媒体数据蕴含的丰富事件语义的有效检索技术展开探讨。

当前可穿戴式视觉传感研究中的一种日常行为识别和度量的方法可以由

图 3-3所示的框架进行处理。该解决方案包括低层特征提取、概念探测、时序动态过程建模等主要组成部分。概念动态融合过程可以桥接低层视觉特征和高层语义内容,并提供了对日常行为更直观的理解,这个过程即前面提到的基于语义概念的建模方法。在这种方法中,先通过机器学习分类模型构建一个低层特征和概念识别的映射,识别的概念通过在时间维度上的进一步融合对行为样本中的视觉语义动态规律进行建模,从而将索引结果通过查询和交互界面为更复杂的日常行为分析应用提供支持。

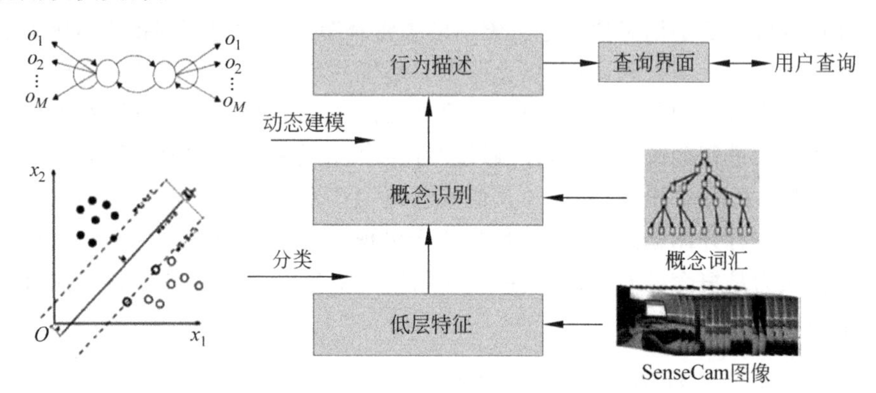

图 3-3 可穿戴式视觉研究中行为感知处理框架

3.4.3 面临的新挑战

尽管经过多年的研究,从视觉图像中进行概念探测已经取得了较大的进步,但是最先进的概念探测方法仍然存在很多不尽如人意的地方。如何有效地从存在噪声和错误的概念探测结果中有效构建高层的行为识别算法,仍然是一个亟待解决的问题,尤其是对于可穿戴式视觉传感这样充满挑战的应用。在这种应用场景下,视觉传感器所捕捉的图像或视频内容是穿戴者从事日常行为的反映,由于穿戴者的不断移动以及从事行为的多样性,记录的视觉媒体中往往存在大量不同的视觉概念,甚至在同一个行为进行过程中所出现的概念也会有很大的视觉差异。

在研究过程中我们发现,可穿戴式视觉传感设备(如 SenseCam)记录的单个事件,如“走路”“驾驶”“做饭”“用电脑”“阅读”等,都有可能包含非常多通常达上百幅图像。在“用电脑”“阅读”等事件中,由于用户通常处于比较静止的状态,大多数图像记录在视觉上非常相似,如图 3-4(a)和图 3-4(b)所示。然而,在“走路”“做饭”等事件中,用户的不断移动产生了大量不同内容的图像,如图 3-4(c)和图 3-4(d)所示。从图 3-4 可以看出,在“走路”“做饭”等很多事件中,即使连续的图像无论在内容还是视觉特征上都有很大的不同。而传统多媒体信息检索研究的电视新闻视频、电影视频等都是经过预先编辑的,这些视频的单个镜头中连续帧之间在视觉特征上都非常相似。可以预见,可穿戴式传感在视觉数据上的多样性将导致在事件探测过程中面临更多传统视频分析中未曾出现的困难。

(a) "用电脑" 事件

(b) "阅读" 事件

彩图 3-4

(c) "走路" 事件

(d) "做饭" 事件

图 3-4　SenseCam 传感图像示例

另一方面，由可穿戴式设备记录的视觉媒体本身的质量问题，也是影响整个算法效果的重要因素。如图 3-3 所示，在解决方案中，首先需要从原始视觉传感数据中提取低层特征。然而，由视觉传感设备采集的原始媒体数据所具有的低质量问题，是影响分析效果的一个与生俱来的挑战。以图 3-2 所示的 SenseCam 为例，尽管其中内嵌的运动传感器可以在一定程度上减轻由用户移动所带来的图像模糊问题，但是所捕捉的图像仍然存在很多质量问题。如图 3-5(a)、(b)和(c)列举了运动模糊造成图像降质的三个样例。并且，由于穿戴方式的问题(如图 3-2 中 SenseCam 悬挂在穿戴者胸前)，视觉传感器的镜头经常被穿戴者的衣服或胳膊遮挡，这就使捕捉的有些图像具有较窄的视野范围，如图 3-5(d)和(e)两个样例所示。此外，图 3-5(f)所示的过度曝光问题也使得从图像中精确获得语义内容变得非常困难。

虽然通过预处理的方法(如对低质量的图像进行过滤)可以在一定程度上避免低质量图像带来的干扰，如采用对图像对比度(Contrast)和显著性(Saliency)融合的方法[51-52]，但是不能进一步解决概念探测精度受限的问题。本书后续的章节将

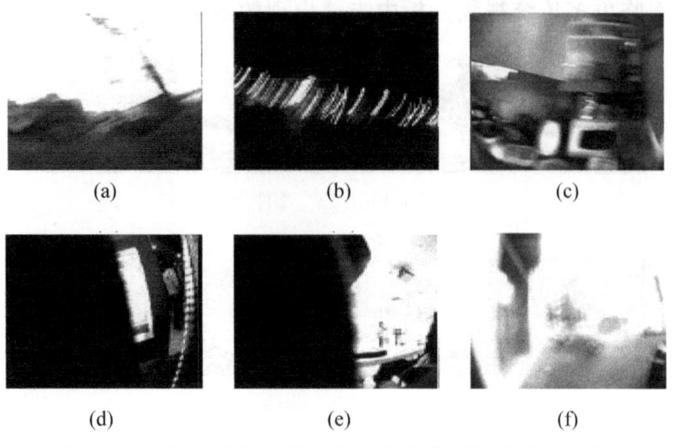

彩图 3-5

(a) (b) (c)

(d) (e) (f)

图 3-5 可穿戴式行为研究中面临的典型图像质量问题

从概念出现的上下文相关性出发，探索有效的概念探测增强方法，研究概念出现的时间动态规律，并且提出鲁棒的行为识别方法。需要说明的是，由于可穿戴式记录本身的特点，常常需要在数据容量和图像时间粒度间进行折中，即在降低数据存储空间的同时牺牲了图像采集速率。例如，SenseCam 大约每 40 秒采集一幅图像，这就导致了一些动态描述符，如 HOG（Histograms of Oriented Gradients）和 HOF（Histograms of Optical Flow）等特征不可用，虽然这些特征在传统的视频分类任务中被广泛采用并表现出很好的效果。

为了有效缓解上述挑战，本书将在第 5 章研究语义索引即概念探测的增强方法。本书将在第 7 章介绍不同的时序建模方法，并通过建模概念属性随时间变化的动态规律，构建日常活动的识别方法。本书的第 8 章将通过系统的分析实验，研究这种基于概念的行为识别方法的影响因素，以及这些影响因素与最终行为识别效果的关联关系，以提供给其他研究人员在实际应用中的指导性建议。

3.5 本章小结

本章介绍了与可穿戴式行为语义感知相关的多媒体信息检索背景知识，以及在可穿戴式感知方面的应用。这些背景知识包括低层特征提取、高层特征提取，以及基本的检索方式和方法等。由于对日常行为的处理通常以事件作为基本的语义单元，本章专门介绍了以事件为中心的媒体处理。作为一种新的多媒体形式，可穿戴式采集设备所记录的日常行为数据具有其自身的特点。这些特点与传统多媒体数据（如广播电视新闻、电影等）在模态、图像质量、视觉多样性等方面都有很大的差别。本章以 SenseCam 可穿戴式采集设备为例，分析了在可穿戴式行为语义感知方面的对应挑战。

参考文献

[1] Blanken H,de Vries A P,Blok H E,et al. Multimedia Retrieval[M]. Berlin: Springer-Verlag,2007.

[2] Gevers T,Smeulders A W M. PicToSeek: Combining color and shape invariant features for image retrieval[J]. IEEE Transactions on Image Processing,2000,9(1): 102-119.

[3] Spyrou E, Borgne H, Mailis T, et al. Fusing MPEG-7 visual descriptors for image classification: Proceedings of the 15th International Conference on Artificial Neural Networks: Formal Models and Their Applications[C]. Berlin: Springer,2005.

[4] Manjunath B S, Ohm J, Vasudevan V V, et al. Color and texture descriptors[J]. IEEE Transactions on Circuits and Systems for Video Technology,2001,11(6): 703-715.

[5] Manjunath B S, Ma W Y. Texture features for browsing and retrieval of image data[J]. IEEE Transactions on Pattern Analysis and Machine Intelligence,1996,18: 837-842.

[6] Belongie S J, Malik J M, Puzicha J. Shape matching and object recognition using shape contexts[J]. IEEE Transactions on Pattern Analysis and Machine Intelligence, 2002, 24: 509-522.

[7] Rui Y, Huang T S, Chang S F. Image retrieval: current techniques, promising directions and open issues[J]. Journal of Visual Communication and Image Representation, 1999, 10(4): 39-62.

[8] Conaire C Ó, Connaghan D, Kelly P, et al. Combining inertial and visual sensing for human action recognition in tennis: Proceedings of the 1st ACM International Workshop on Analysis and Retrieval of Tracked Events and Motion in Imagery Streams[C]. New York: ACM, 2010.

[9] Rusinol M, Aldavert D, Karatzas D, et al. Interactive trademark image retrieval by fusing semantic and visual content: Proceedings of the 33rd European Conference on Advances in Information Retrieval[C]. Berlin: Springer, 2011.

[10] Snoek C G M, Huurnink B, Hollink L, et al. Adding semantics to detectors for video retrieval[J]. IEEE Transactions on Multimedia, 2007, 9(5): 975-986.

[11] Li J, Wang J Z. Automatic linguistic indexing of pictures by a statistical modeling approach[J]. IEEE Transactions on Pattern Analysis and Machine Intelligence, 2003, 25: 1075-1088.

[12] Li B, Goh K, Chang E Y. Confidence-based dynamic ensemble for image annotation and semantics discovery: Proceedings of the 11th Annual ACM International Conference on Multimedia[C]. New York: ACM, 2003.

[13] Li X, Wang D, Li J, et al. Video search in concept subspace: A text-like paradigm: Proceedings of the 6th ACM International Conference on Image and Video Retrieval[C]. New York: ACM, 2007.

[14] Snoek C G M, Gemert J C, Gevers T, et al. The MediaMill TRECVid 2006 semantic video

search engine: Proceedings of the 4th TRECVid Workshop[C].[S.l.]:[s.n.],2006.

[15] Ma W Y, Manjunath B S. NeTra: a toolbox for navigating large image databases[J]. Multimedia Systems, 1999, 7(3): 184-198.

[16] Bimbo A D, Pala P. Visual image retrieval by elastic matching of user sketches[J]. IEEE Transactions on Pattern Analysis and Machine Intelligence, 1997, 19: 121-132.

[17] Brown M G, Foote J T, Jones G J F, et al. Automatic content-based retrieval of broadcast news: Proceedings of the 3rd ACM International Conference on Multimedia[C]. New York: ACM, 1995.

[18] Adams B, Amir A, Dorai C, et al. IBM Research TREC-2002 video retrieval system: Proceedings of the TREC-2002[C].[S.l.: s.n.], 2002.

[19] Westerveld T, Vries A P, Ballegooij A, et al. A probabilistic multimedia retrieval model and its evaluation[J]. EURASIP Journal on Applied Signal Processing, 2003, (2): 186-198.

[20] Chua T S, Neo S Y, Li K Y, et al. TRECVid 2004 search and feature extraction task by NUS PRIS: Proceedings of NIST TRECVid Workshop[C],[S.l.: s.n.], 2004.

[21] Yan R, Yang J, Hauptmann A G. Learning query-class dependent weights in automatic video retrieval: Proceedings of the 12th Annual ACM International Conference on Multimedia[C]. New York: ACM, 2004.

[22] Natsev A, Naphade M R, Tesic J. Learning the semantics of multimedia queries and concepts from a small number of examples: Proceedings of the 13th Annual ACM International Conference on Multimedia[C]. New York: ACM, 2005.

[23] Kennedy L S, Natsev A, Chang S F. Automatic discovery of query-class-dependent models for multimodal search: Proceedings of the 13th Annual ACM International Conference on Multimedia[C]. New York: ACM, 2005.

[24] Lienhart R, Kuhmunch C, Effelsberg W. On the detection and recognition of television commercials: Proceedings of the IEEE International Conference on Multimedia Computing and Systems[C].[S.l.]: IEEE, 1997.

[25] Smith J R, Chang S F. Visually searching the web for content[J]. IEEE Multimedia, 1997, 4: 12-20.

[26] Rui Y, Gupta A, Acero A. Automatically extracting highlights for TV baseball programs: Proceedings of the 8th ACM International Conference on Multimedia[C]. New York: ACM, 2000.

[27] Naphade M R, Huang T S. A probabilistic framework for semantic video indexing, filtering, and retrieval[J]. IEEE Transactions on Multimedia, 2001, 3: 141-151.

[28] Amir A, Berg M, Chang S F, et al. IBM research TRECVid-2003 video retrieval system: Proceedings of NIST TRECVid Workshop[C].[S.l.: s.n.], 2003.

[29] Fan J, Elmagarmid A K, Zhu X, et al. ClassView: Hierarchical video shot classification, indexing, and accessing[J]. IEEE Transactions on Multimedia, 2004, 6: 70-86.

[30] Snoek C G M, Worring M, Geusebroek J M, et al. The semantic pathfinder: Using an

authoring metaphor for generic multimedia indexing[J]. IEEE Transactions on Pattern Analysis and Machine Intelligence,2006,28(10): 1678-1689.

[31] Gemert J C,Geusebroek J,Veenman C J,et al. Robust scene categorization by learning image statistics in context: Proceedings of the 2006 Conference on Computer Vision and Pattern Recognition Workshop[C].[S.l.]: IEEE,2006.

[32] Smeaton A F,Over P,Kraaij W. High level feature detection from video in TRECVid: a 5-year retrospective of achievements[M]//Divakaran A. Multimedia Content Analysis: Theory and Applications.[S.l.]: Springer US,2009: 151-174.

[33] Neo S Y,Zhao J,Kan M Y,et al. Video retrieval using high level features: Exploiting query matching and confidence-based weighting: Proceedings of the 5th International Conference on Image and Video Retrieval[C]. Berlin: Springer,2006.

[34] Lin W H,Hauptmann A G. Which thousand words are worth a picture? Experiments on video retrieval using a thousand concepts: Proceedings of the IEEE International Conference on Multimedia and Expo[C].[S.l.]: IEEE,2006.

[35] Hauptmann A,Yan R,Lin W H. How many high-level concepts will fill the semantic gap in news video retrieval?: Proceedings of the 6th ACM International Conference on Image and Video Retrieval[C]. New York: ACM,2007.

[36] Wei X Y,Ngo C W. Ontology-enriched semantic space for video search: Proceedings of the 15th International Conference on Multimedia[C]. New York: ACM,2007.

[37] Westermann U,Jain R. Toward a common event model for multimedia applications[J]. IEEE Multimedia,2007,14:19-29.

[38] Frohlich D,Kuchinsky A,Pering C,et al. Requirements for photoware: Proceedings of the 2002 ACM Conference on Computer Supported Cooperative Work[C]. New York: ACM, 2002.

[39] Rodden K,Wood K R. How do people manage their digital photographs?: Proceedings of the SIGCHI Conference on Human Factors in Computing Systems[C]. New York: ACM,2003.

[40] Naaman M,Song Y J,Paepcke A,et al. Automatic organization for digital photographs with geographic coordinates: Proceedings of the 4th ACM/IEEE-CS Joint Conference on Digital Libraries[C]. New York: ACM,2004.

[41] Hori T, Aizawa K. Context-based video retrieval system for the life-log applications: Proceedings of the 5th ACM SIGMM International Workshop on Multimedia Information Retrieval[C]. New York: ACM,2003.

[42] Mann S,Fung J,Aimone C,et al. Designing EyeTap digital eye-glasses for continuous lifelong capture and sharing of personal experiences: Proceedings of the CHI 2005 Conference on Computer Human Interaction[C]. New York: ACM,2005.

[43] Sellen A,Fogg A,Aitken M,et al. Do life-logging technologies support memory for the past? An experimental study using SenseCam: Proceedings of the SIGCHI Conference on Human Factors in Computing Systems[C]. New York: ACM,2007.

[44] Blum M, Pentland A S, Tröster G. InSense: Interest-based life logging[J]. IEEE Multimedia,2006,13(4): 40-48.

[45] Machajdik J, Hanbury A, Garz A, et al. Affective computing for wearable diary and lifelogging systems: an overview: Workshop of the Austrian Association for Pattern Recognition[C].[S.l.: s.n.],2011.

[46] Hamm J, Stone B, Belkin M, et al. Automatic annotation of daily activity from smartphone-based multisensory streams: Proceedings of the 4th International Conference on Mobile Computing,Applications,and Services[C]. New York: ACM,2012.

[47] Song S, Chandrasekhar V, Cheung N M, et al. Activity recognition in egocentric life-logging videos: Proceedings of Computer Vision - ACCV 2014 Workshops[C]. Cham: Springer,2014.

[48] Silva A R, Pinho S, Macedo L M, et al. Benefits of SenseCam review on neuropsychological test performance[J]. American Journal of Preventive Medicine, 2013, 44(3): 302-307.

[49] O'Loughlin G,Cullen S J,McGoldrick A,et al. Using a wearable camera to increase the accuracy of dietary analysis[J]. American Journal of Preventive Medicine,2013,44(3): 297-301.

[50] Wang P, Smeaton A F. Using visual lifelogs to automatically characterize everyday activities[J]. Information Sciences,2013,230: 147-161.

[51] Doherty A R,Byrne D,Smeaton A F,et al. Investigating keyframe selection methods in the novel domain of passively captured visual lifelogs: Proceedings of the 2008 International Conference on Content-based Image and Video Retrieval[C]. New York: ACM,2008.

[52] Wang P, Smeaton A F. Aggregating semantic concepts for event representation in lifelogging: Proceedings of the International Workshop on Semantic Web Information Management[C]. New York: ACM,2011.

第 4 章　可穿戴式日常行为语义空间

前面介绍过，传统基于内容的视频或图像的检索方法将低层特征直接映射到高层语义，然而并没有解决语义鸿沟的问题。这种方法的局限性体现在缺乏低层特征和查询语义之间的一致性。这使得基于概念的高层语义推理成为一种备受关注的解决方案，用于满足用户的查询期望。很多这方面的研究通过融合一些概念来完成上述语义映射，并提供对用户期望更好的理解。在这类方法中，概念首先经过通用的方法从训练数据抽取的低层特征中探测出来。然后这些概念经过融合用于推断出最终的概念集合，并用于作为用户的查询或者对多媒体信息的表示。这种方法在很多的多媒体检索应用中都适用，包括可穿戴式日常行为感知。

4.1　事件相关的概念分布特征

训练概念分类器的一个受限的因素是在这些概念存在高度关联性时可以利用这些概念来进一步揭示高层语义。可穿戴式日常行为分析涉及人类日常生活的各个方面，因此概念的选择范围极其宽泛。由于人们可能从事大量的活动，很大范围内的语义概念都有可能出现在可穿戴式设备所采集的视觉媒体中，这就反过来增加了大量概念探测的难度。

作为示例，我们采用本章后续要详细介绍的 85 个语义概念，分析了由日常行为分析领域所反映出的这些概念的特点。尽管这 85 个概念远远不能表示可穿戴式行为语义感知中全量的概念集合，但它们可以反映出概念语义的通用特征。图 4-1展示了基于人工标注的方式从 1.2 万幅 SenseCam 图像中标注的 85 个概念出现频率的直方图，从图中可以看出以下特征。

(1) 概念的分布是不均衡的。一些概念出现的频率相当高，而某些概念出现的却很少。这就给概念的分类识别带来了困难，因为为提高识别效果，均衡分布的训练数据是必要的。尤其是，由于缺乏学习过程中所需的足够正样本，具有较低出现频率的概念使得很难对它们训练出较好的探测器。

(2) 概念的跨度很广。这意味着在视觉可穿戴式感知中将涉及很多概念。这个特点将带来高计算复杂度的挑战。

(3) 概念的贡献不同。在对事件进行语义解释的过程中，不同概念起到不同

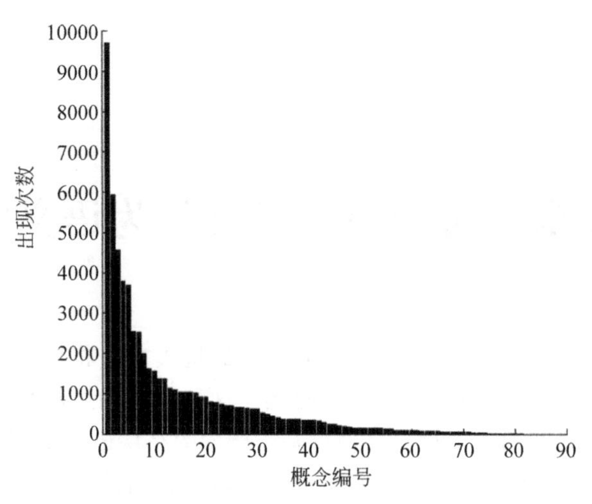

图 4-1　SenseCam 图像中的概念分布

的作用,因此,需要选择合适的概念构建事件的概念空间。具有较低出现频率的概念容易引入噪声和错误。因此,在后续进行鲁棒的事件表示或分类时,需要在事件语义空间中对这些概念采用恰当的权重。

(4) 每个输入图像可能会有不止一个概念。这就提出了将一幅图像中的低层特征映射为多个概念类别的问题。

很有意思的是,可以看到这些概念的频率分布对 Zipf 律具有很好的拟合结果。如果我们在对数尺度上将概念出现的频率及按照频率下降的概念顺序进行绘图,所绘出的曲线在具有高出现频率概念的部分表现出近似线性的趋势,如图 4-2 所示。这种线性的关系表明了频率和概念排序之间的简单关系,尽管低频概念看上去在图 4-2 中并不符合 Zipf 律。图 4-2 中样本点的分布在低频概念处表现出的非线性情况是由这些概念选取的特殊性导致的,这种情况在新闻视频检索相关文

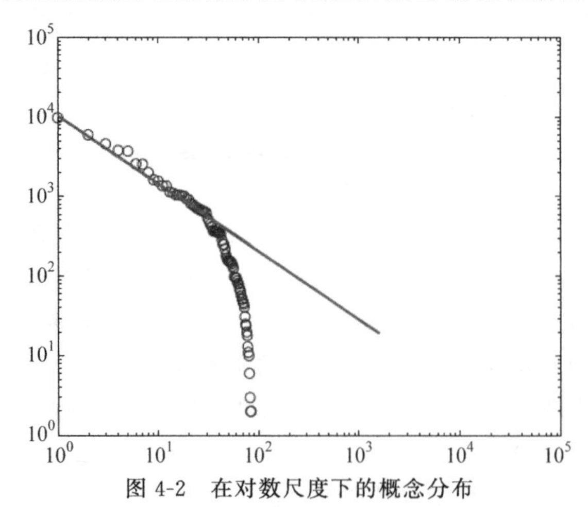

图 4-2　在对数尺度下的概念分布

献中也有类似的解释[1]。虽然如此，拟合结果表明了这种相关性在出现频率较高的概念中表现出近似线性的关系。理论上，根据上述分布特征，可穿戴式日常行为分析领域中可能的最大概念个数将超过一万个(从图 4-2 中直线和横轴的交点可以推断)。而通过人工的方式标注包含如此多概念的数据集，或者构建如此多的分类器，都是不现实的。因此，需要选择合适的概念集来构建事件描述的语义空间，以降低概念标注和分类训练的负担。

4.2　基于事件语义的视觉处理

在本书中，从视觉上进行处理的事件是采用现代多媒体检索和语义网技术进行语义解释的基本单元。在进行视觉事件处理之前，有必要对事件进行概念定义。事实上，在很多研究领域中，事件被赋予了各种不同的定义。如本章文献[2]中所描述，事件被定义为其所匹配的某种模式类型。这种模式的匹配在模式识别中可以作为一个事件，而在信号处理领域，当信号的状态发生了变化，这种触发也可以视为一个事件。这些对事件的分类非常类似于某些信息系统中事件的定义，在这些系统中，特定的系统状态变化或者预定义的态势的发生全部都可以作为事件进行处理。尽管这些定义在某些事件分析系统中是有用的，然而在可穿戴式日常行为分析等领域，一个能反映事件在人类进行日常经历理解中所起作用的定义仍然是需要的。在本章文献[2]中，事件被作为在真实世界一个特定时空范围内发生的一种语义片段的符号抽象。事件的空间和时间属性能够帮助我们对生活经历以情景记忆的方式进行组织。这已经在神经科学领域的研究中得到证实。例如，研究人员给实验参与者播放日常活动的视频，或者让他们在上面进行主动的分割，从而探测到了神经行为的短暂变化[3]。这种事件的观点也在多媒体挖掘领域作为一种基础的概念被接受[4]。本书采用类似的事件定义，即认为事件是“在真实世界特定地点和时间的一种发生”。在这种定义之下，可穿戴式生活记录中具有空间和时间属性的结构，例如去上班、在家里看电视、与朋友交谈等都可以作为事件来处理。

作为通用的事件上下文描述，新闻工作中进行现实事件报道的 5W1H 准则可以用来表示事件的不同方面，即谁(Who)、是什么(What)、地点(Where)、时间(When)、为什么(Why)和如何(How)[4-5]。计算设备尤其是移动设备无所不在的应用增加了真实世界事件相关的多媒体数据的体量。这些多媒体数据资源随着事件的触发而各不相同，并以各种异质的数据类型而存在，例如图像、视频、文本、传感器数据等。在这些多媒体数据中，视觉图像及视频包含更多的信息，因此，这种事件处理在本书中被称为视觉事件处理。这些为事件捕捉的信息可以反映多媒体数据中关于谁、是什么、地点和时间等细节，并提高进一步对事件语义如为什么和如何进行解释的可能性。根据本章文献[6]，这些媒体是事件的描述而并非事件本身。也就是说，媒体中包含了真实世界事件的部分描述，而事件的语义需要从所捕捉的媒体中推理得到[7]。

可穿戴式视觉生活记录是视觉事件处理的一个典型应用。在可穿戴式计算各种应用中，如辅助记忆、日常行为分析等，对事件进行全面的理解是迫切需要的，并用于更好地进行事件的检索和表示。然而，多媒体数据中仍然只有少量表示事件语义的元数据。从大量媒体库中利用如此稀少的元数据进行事件查找面临着很多的困难，尤其从可穿戴式设备长期采集形成的数据中。在可穿戴式视觉生活记录中，人们在事件分割[8]、事件表示[9]、生活模式分析[10]、事件增强[11]等方面做了大量工作。大部分工作仍然集中于对低层视觉特征或者原始传感器数据的处理上。事件数据采集与用户对事件理解之间的语义鸿沟问题并没有得到很好的解决。在本章文献[12]中，研究人员应用了机器学习和语义概念探测的方法进行了室内、室外、人、建筑等概念的识别。尽管这些语义索引方法通常在视频检索中得到使用，然而在视觉生活记录中这些方法也体现了对低层特征和高层语义概念进行关联的能力。类似的工作还有，将识别出的日常概念应用于生活模式的分析[13]。尽管当前概念识别能够在一定程度上索引可穿戴式视觉媒体数据，但由此生成的标注大多数仅停留在图像的层次上。因此，需要进一步借助当前图像层语义标注的结果进行有效的事件层索引和管理。

4.3 事件语义空间

构建分类器进行高层图像语义解释的过程中，当存在多个高度相关的概念时具有明显的局限性。可穿戴式生活记录中涉及的概念覆盖了人类日常生活的各个方面，这些概念的选择是非常宽泛的。根据我们在工作中的统计，以 SenseCam 图像为例，大约有 40 个概念具有很高的出现频率，这些图像表示了超过 10 种显著的活动。识别所有的概念不仅提高了计算复杂度，并且会降低识别的精度。同时，对大量概念的标注也带来了巨大的负担。因此，对可穿戴式生活记录中的事件进行解释需要一个有效的策略帮助选择事件表示中最有用的概念，而不是机械地使用所有的概念。

4.3.1 日常活动的选择

人们发现，自己所从事的日常活动与个体健康之间存在相互关系。研究表明，对于不同年龄群体，这种个人健康与从事活动之间的关系是存在大量证据的[14-15]。职业治疗、膳食监测等领域的研究人员分析了日常活动模式，以通过理解调查对象在各种活动上时间的花费来提高他们的身体和心理健康。很多的调查研究表明大部分时间都花费在某些活动上，如睡觉或休息(花费 34%的时间)、家务活动(花费 13%的时间)、看电视/听收音机/听音乐/用电脑(花费 11%的时间)、餐饮(花费 9%的时间)，这些已经占据典型一天中近 70%的时间。

研究人员分析了最经常发生的日常活动，并对人们经历这些活动时的愉悦程度进行了评价[16]。表 4-1 所示的 16 种活动，按照愉悦程度的评价结果进行了降序排列。由于日常活动对人类愉悦程度感觉的影响也可以影响到人的健康，这就使得这些活动在健康分析和可穿戴式日常行为分析中非常重要。

表 4-1　日常活动按愉悦程度降序排列[16]

愉悦程度排序	日常活动	愉悦程度排序	日常活动
1	亲密关系	9	准备食物
2	社交活动	10	打电话
3	放松	11	睡觉(打盹)
4	祈祷/做礼拜/冥想	12	照顾小孩
5	吃东西	13	用电脑/上网
6	做运动	14	做家务
7	看电视	15	工作
8	购物	16	上下班

类似的活动模式也在本章文献[17-19]中被介绍，其中睡觉是占用时间最显著的活动，其次是家务、看电视、工作或学习等。本章文献[17]和[18]还表明，在不同活动上的时间分布对不同年龄群体是有差异的。然而，有一些活动在所有人群中都有很高的参与度，这些活动包括睡觉、餐饮、个人护理、旅行等。

在本书中为开展可穿戴式日常行为语义的解释，采用以下原则从候选活动中进行目标活动的选取。

(1) 时间显著性。如上所述，一小部分的活动类型占用了我们大量的时间，对这些活动的分析可以最大化地分析时间花费与人类健康之间的关系。这些选择了的活动需要能够覆盖每天中花费的大部分时间。

(2) 一般性。即使在不同活动上的时间花费随着年龄群体的不同而有所变化，但有一些活动被不同年龄群体所从事。选择具有较高群体认同率的活动，将会提高对可穿戴式生活记录进行行为分析的一般性。因此，由此得到的分析结果可以适用于更大范围的年龄群体。

(3) 高频性。这一准则帮助选择那些在日常生活记录中具有足够多样本数据的活动。高样本频率可以提高识别精度和其他处理的质量，例如分类、解释等任务。需要说明的是，具有高时间显著性的活动不一定有高的出现频率。例如，睡觉占用了一天中相当长的一部分时间，但是它每天的频率并不高。

依据上述原则，我们结合了本章文献[16-18]研究中调查的活动，并选择了如表 4-2 所示的活动作为深入研究的对象。需要说明的是，表 4-2 中的活动远远不能覆盖日常行为分析中的所有活动类型，但是它们具有很强的代表性，并可以应用于日常生活的进一步分析。这些活动类型将在本书中用于开展对可穿戴式日常行为语义的感知和增强方法的介绍，并用来对一些观点和算法进行验证。这种活动类型的选择方法是通用的，当出于不同的分析目的而需要选择更多的活动时，我们的方法可以适应于类似的应用而不失一般性。

表 4-2 本书研究的活动对象

序号	活动对象	序号	活动对象
1	吃	13	阅读
2	喝	14	骑自行车
3	做饭	15	照顾宠物
4	清洁/整理/清洗	16	看电影
5	洗衣服	17	开车
6	用电脑	18	乘公交
7	看电视	19	走路
8	照顾小孩	20	开会
9	购买食品	21	作报告
10	一般性购物	22	听报告
11	酒吧	23	谈话
12	打电话		

4.3.2 主题相关的概念

被多媒体检索研究人员广泛接受的是，“主题”这一术语表示一个给定的查询任务，并且具有高层的语义内涵。类似地，在本书的工作中，仍采用主题这一术语用于表示一种特定的事件类型，即可穿戴式生活记录中的一个活动。在本书中如果没有做特别区分的话，一个事件可以指代一个日常活动的特定实例，反之亦然。

如何确定与上述事件主题相关的概念这仍然是一个需要研究的问题。在日常概念探测和验证[12]中，概念由几个 SenseCam 用户经过对自己几天记录下来的事件进行浏览和分析后，提出建议并整理。然后，对他们自己的生活方式结合这些记录进行熟悉，这些概念按照是否能得到满意识别的准则，经过进一步的讨论和筛选后得到。在上述过程中，概念并不是以一种结合事件主题的方式选择得到。有一些概念被选择，但是它们可能对于特定事件语义的解释并没有什么帮助，并且一些可能对识别和解释特定事件类型有很大帮助的概念很可能在选择过程中被忽略。这将会限制事件探测和语义解释的性能，尤其是在与事件相关的特定概念缺失的情况下。考虑到当前概念探测结果并不完美的事实，在一个查询中存在不相关的概念仍然会带来问题。在这个过程中,不相关的概念将在查询中引入噪声,从而降低查询的效果。

为获得与每个活动类型相关的候选概念,我们进行了概念选择的用户实验,并对与活动相关的候选概念根据用户调查的结果进行了汇总。尽管每个人有不同的背景和各自的特点,但是对概念共同的理解已经通过社会经历建立起来,从而允许人们相互之间进行有效交流[20-21],这使得用户选择与活动相关的合适概念成为可能。用户实验的进行用于找到潜在的与活动语义具有高度关联的候选概念。详细的实验方法将在 4.3.4 节介绍。

用户实验可以提供给我们一组与活动相关的候选概念。这些概念被用于构建一个基于事件的语义空间,该空间可以反映可穿戴式生活记录中的活动。这个概念空间中的每个维度都由一个概念进行延伸,如图 4-3 所示。在图中,每个事件被一组图像所表示,且每个图像对应于各自的概念向量。每组图像构成了相同的主题并描述了所代表的事件。这种语义解释充分利用了构成事件的图像的概念向量,并可以推理更高层的语义。

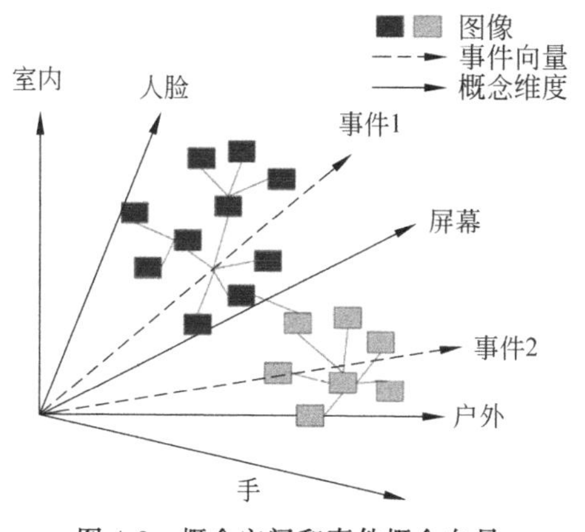

图 4-3　概念空间和事件概念向量

彩图 4-3

4.3.3　事件语义空间形式化

为了表示事件的语义,需要选择合适的概念并定义概念空间描述。直观上讲,每个表示事件的概念都应该是一个维度,从而将一个事件映射到概念空间其实就是二者的一种匹配或者同现的情况。然而,不同的概念对于事件解释起到不同的作用。在研究中,需要选择既不太笼统又不太具体的概念构建语义空间,以降低空间维度和概念探测的噪声。总的来说,这个空间应该包括主题相关的且具有合适频率的概念,并排除笼统的和过于具体的概念。

事件语义空间被定义为一种线性的空间,空间中的概念集合作为整个空间的基,如图 4-3 所示。为保证空间的高度覆盖能力,需要根据语义空间中对实体的泛化能力选择一组最小的概念基。理想的情况下，任何语义查询都能够表示为语义空间中的一个坐标。概念基提供了语义空间中的高度覆盖能力，并更可能是那些采用现有技术能够建立起探测器的概念[22]。

本书中将语义概念记为 S，并由一组概念基$\{c_1,c_2,\cdots,c_N\}$所组成，其中 $c_i \in S$ 是一个基概念。从而，语义空间可以构造为

$$c_1 \times c_2 \times \cdots \times c_N \rightarrow S$$

假设一个概念 c_i 的探测器 d_i 可以从低层特征中学习得到。我们将学习一个概念探测器集合 $D=\{d_1,d_2,\cdots,d_N\}$，用于从低层特征空间 L 变换到语义空间 S。两个空间的关系可以表示为

$$D(\cdot) \otimes L \rightarrow S$$

其中，$D(\cdot)=\{d_1(\cdot),d_2(\cdot),\cdots,d_N(\cdot)\}$是概念探测器集合 D 对应的变换。

4.3.4 语义空间构建用户实验

前面在研究现状中提到，多媒体信息检索的研究人员为大规模概念本体LSCOM 做了大量工作，以此构建的本体为广播电视新闻领域多媒体语义的标准化起到了很大的推动作用，并且 LSCOM 也是在该领域一个非常全面的概念词汇集。虽然 LSCOM 中有一些概念可以在可穿戴式日常行为分析中得到复用，但是很多其他用于新闻视频描述的概念，如“国家元首”“自然灾害”“飞机起飞”等，则在个人行为事件分析检索中不再适用。因此，虽然 LSCOM 本体的结构框架可以用于类似的本体构建，但是在个人事件语义检索中需要考虑新的概念选取问题。

本实验首先从用户调查开始，目的是发现用于可穿戴式日常行为事件解释中所涉及的可能的概念。参与实验的共有 13 人，都是实验室的研究人员，其中部分人员具有使用 SenseCam 视觉传感器进行行为记录的经历。在实验过程中，首先对目标行为进行描述以使参与者对其更加熟悉，具有一定的感性认识。然后对选定的行为实例(即行为记录中包含的 SenseCam 图像序列)逐一播放给参与者，并通过问卷调查的方式记录他们对 SenseCam 行为图像的解释，以及在这些图像中持续出现的典型概念。这部分实验的目的是确定可能与行为紧密相关的语义概念的集合。

通过实验一共调查总结了 171 个概念，这一概念数量和概念的多样性也反映了 SenseCam 图像在进行概念关联中所起的作用。这些概念经过若干次迭代筛选和对实验结果的提炼，最终确定了 85 个典型的概念作为一个稍小的概念集合，这些概念在所有实验参与者的调查结果中的表现比较一致，有超过半数的参与者认为它们与对应的行为类型非常相关。上述过程得到的概念中，与他们对应的活动相关的典型实例如表 4-3 所示。表 4-4 详细列举了上述实验所得到的 85 个概念，并作为概念全集分为对象、场景、人员、事件等类别。需要指出的是，这 85 个概念采纳自本章文献[23]中的小型概念集合，更多关于该用户实验的信息以及对此概

念本体的使用可参考该文献。

表 4-3　日常概念的示例

活　动	概　念
eating	food,plate,cup,table,cutlery
drinking	cup,glass,table
cooking	hands,sink,fridge,microwave
use computer	keyboard,table,hands
watch TV	TV,remote control
care for children	pram/Buggy,child,toy
…	…

表 4-4　实验得到的 85 个概念的集合

类别	概　念
对象	plate,cup,cutlery,bowl,glass,bottle,milk,drink,fridge,microwave,cooker,water,cloth,clothes,glove,soap,hanger,screen,keyboard,monitor,TV,remote control,basket,trolley,plastic bag,mobile phone,phone screen,book,newspaper,notebook,paper,handle bar,steering wheel,car,bus,bicycle,pet,road sign,traffic light,cat,yellow pole,chair,laptop,projector,pram/buggy
场景	indoor,outdoor,office,kitchen,table,sink,basin,toys,shelf,cashier,door,building,fruit,vegetable,deli,food,road,path,cycle lane,sky,tree,dark,window,inside bus,shop,inside car,projection
人员	face,people,group,child,hand,finger
事件	hand washing,hanging clothes,hand gesture,finger touch,page turning,presentation,taking notes

4.4　语义空间中的概念关系

本体用于表示问题域中的概念以及概念之间的关系。通常本体可以用图来表示,图中的节点表示概念而边表示概念之间的关系。在很多处理离散对象和二元关系的研究中,图形化表示对象以及对象之间的二元关系是一种非常方便的方式,并且可以应用相对成熟的图理论来研究[24]。作为领域知识的一部分,一个本体结构包含了概念的语义。例如,一个子概念或子孙概念是其父概念或者祖先概念的下位概念,这可以由一个层次化的本体来反映。这个结构也决定了对概念属性的继承。例如,一个汽车将会继承它的上位概念,如交通工具的特征。基于本体的相似度或者关联性度量可以发掘本体的结构或者额外的信息，以达到对概念的相似度或者相互关系的量化。为了表明相似度和关联性的区别，我们来看一个包含三个概念的例子，即教师、教授和学校。在这个例子中，教师和教授是相似的概念，而教授和学校是相互关联的概念。在不同的应用领域，相似度和关联性需要分别灵活地处理。

4.4.1 基于分类学的词汇相似度

在语义空间中，概念可以根据它们的分布关系进行聚类。由于在这个语义空间中缺乏明确的特征和坐标，概念只能根据它们相互之间的本体关系进行聚类。作为一个被广泛使用的词汇本体，WordNet[25]通常作为一个语义知识库进行研究。在 WordNet 中，同义词集(Synsets)是词所表达意思的基本元素。WordNet 3.0 版本包含 15 万多个单词并分成 11 万多个同义词集。关系 is-a 在 WordNet 中被建模为 hyponymy，hyponymy 表示一个概念比另一个更具体的情况。关系 meronymy/holonymy 是一种表示 part-of 关系的语义。几乎无所不包的容量以及对概念关系的明确表示，使得 WordNet 在概念空间关系分析中非常有用。下面介绍几种采用 WordNet 进行概念间量化分析的方法。

1. 基于路径的方法

人们对语义相似度进行了研究以定义概念关系分析的指标。本章文献[24]首先研究了一种基于边的概念相似度，该方法通过定义语义网络中的距离是两个概念节点之间的最短路径的长度来实现。按照综述本章文献[26]，本章的文献[27]在 Resnik 工作的基础上进一步改进了相似度的度量。本章文献[28]中的相似度还考虑了路径的方向，该方法的思路是，如果概念的 WordNet 同义词集通过一个短路径连接，并且没有经常变换方向，这两个概念是语义接近的。另一个相似度的定义在本章文献[29]中被提出，并用于动词相似度的计算，这是由于大部分其他工作都是建立在名词性概念上。本章文献[30]中所提出的方法也是一种基于路径的相似度算法，这个算法根据分类结构的最大深度确定相似度。

2. 基于信息的方法

基于信息内容的语义相似度，在词汇关系分析中也是一个重要的分支。这种方法依赖于这样一种假设，即两个概念共享更多的信息，则二者具有更高的相似度。一个概念的信息可以由信息内容(Information Content，IC)所量化，该信息内容依据在给定的语料库中概念出现的概率进行计算。具体来说，信息内容由在给定语料库中遇到一个概念的负似然性得到[31]。使用负似然性的基本出发点假设在一个语料库中出现一个概念的可能性越大，它所传递的信息越少。

基于这个信息内容计算，如果概念在语料库中出现的概率越高，这个概念所包含的信息就越少。使用信息内容的优势在于，一旦给定了一个合理构建的语料库，信息内容可以在不同的域中得到适用，这是因为信息内容采用统计方法，并根据这个概念、它的下位概念、它的包含概念等的出现而得到。

Resnik 将信息内容应用在语义相似度的计算中，并定义了最具体的共同摘要(Most Specific Common Abstract，msca(c_1，c_2))的信息为概念 c_1 和 c_2 共同的信息[26]。在这种方法中，只有 is-a 关系得到了应用，即只有两个被比较的概念的包含概念被使用。这种相似度的度量也被 Quigley 和 Smeaton 采用，并在图像说明文字的检索中用于计算单词的相似度[32]。Jiang 和 Conrath 以及 Lin 均扩展了 Resnik 的方法，同时将更多的因素考虑在内[33-34]。表 4-5 中对这些语义相似度关系进行了概括。

表 4-5　语义相似度度量列表

相 似 度	度量函数定义	基于路径	基于信息
Rada	$\mathrm{sim}(c_1,c_2)=\dfrac{1}{\mathrm{len}(c_1,c_2)}$	√	×
Hist & St-Onge	$\mathrm{rel}(c_1,c_2)=\mathrm{C}-\mathrm{len}(c_1,c_2)-k\times d$	√	×
Wu & Palmer	$\mathrm{sim}(c_1,c_2)=\dfrac{2\times \mathrm{depth}(\mathrm{LCS})}{\mathrm{len}(c_1,c_2)+2\times \mathrm{depth}(\mathrm{LCS})}$	√	×
Leacock & Chodorow	$\mathrm{sim}(c_1,c_2)=-\log \dfrac{\mathrm{len}(c_1,c_2)}{2D}$	√	×
Resnik	$\mathrm{sim}(c_1,c_2)=-\log p(\mathrm{LCS})$	×	√
Jiang & Conrath	$\mathrm{sim}(c_1,c_2)=\dfrac{1}{2\log p(\mathrm{LCS})-(\log p(c_1)+\log p(c_2))}$	×	√
Lin	$\mathrm{sim}(c_1,c_2)=\dfrac{2\log p(\mathrm{LCS})}{\log p\times(c_1)+\log p(c_2)}$	×	√

3. 混合方法

混合方法也吸引了一系列研究者的兴趣，这一类方法综合利用了 WordNet 的层次结构和信息内容度量来计算语义相似度。在本章文献[35]中，作者提出在分类结构中使用信息内容的相似度度量方法。然而，信息内容值是从 WordNet 分类层次结构中得到的，而不是从给定的语料库中统计得到的。在人类评价上测试的实验表明，相对于流行的语义度量，这种方法得到了很好的效果。这种度量在信息内容获取过程中，使用本体层次结构也可以很容易地进行计算。本章文献[36]扩展了本来的信息内容，并且考虑了在本体中定义的整个语义关系集合，从而得到一个关联计算的框架。这个框架称为 FaITH(Feature and Information THeoretic)，能够将基于特征的相似度模型与信息论领域相结合，并且也在关联性计算中考虑了本体链接结构。

4.4.2 上下文本体相似度和相关性

WordNet是一个描述基本分类语义关系的小型本体。ConceptNet扩展了WordNet并包含了适用于概念层节点的更丰富的关系[37]。在本书所使用的ConceptNet版本中，关系本体所包含的20个关系类型分为K-lines、Things、Agents、Event等几类[38]。

在ConceptNet中，所有的概念由上述提到的关系所链接，从而能够反映概念之间的相关性，因此，可以应用一种基于链接的相关性度量方法分析概念之间的关系。这不同于WordNet中主要使用分类关系的方法，而ConceptNet中则采用了更多的上下文关系。尽管WordNet相似度仅仅考虑包含关系来评估两个对象在词汇上有多相像，但相关性则可以考虑更广泛范围内的关系，而这些关系可以使用ConceptNet进行度量。

根据本章文献[24]，上位词(is-a)链接在Quillian语义记忆模型中被分配了具有更高重要性的标签，在这个模型中概念被表示为节点，而关系被表示为链接。当一个本体只包含is-a链接，短路径将通过扩散激活(Spreading Activation)对相似度起到显著的正面作用。同时，语义距离(最短路径长度)和语义关联性(概念距离)的一致性也将很强。

概念间的关系反映了两个概念间的语义相关性。我们假设语义关系是可传递的，因此两个概念相关性越强，则它们间的路径越短。两个概念的相关性随着二者最短路径的长度而反向变化，即概念相关性是路径距离的一个单调递减函数。同样，本书介绍的方法利用了两个概念间路径的长度。在ConceptNet中，由于概念间的边是有方向的，该方法结合了概念 c_1 到 c_2 的路径以及 c_2 到 c_1 的路径。两个概念的相似度被定义为

$$S_{\mathrm{CN}}(c_1,c_2)=\max(\mathrm{ActivationScore}(c_1,c_2),\mathrm{ActivationScore}(c_2,c_1))$$

其中，ActivationScore(c_1,c_2)表示了从 c_1 起始的情况下 c_2 的激活值，反之亦然。这里，我们使用激活值来表示两个概念的相关性。ActivationScore通过在ConceptNet中执行扩散激活方法而得到，以确定与一个起始概念最相似的概念。起始概念的激活值被初始化为1，而后通过单个链接路径、两个链接路径等，与起始概念关联的节点将被激活。与原始节点 a 连接的节点 b 的激活值被定义为

$$\mathrm{ActivationScore}(a,b)=\sum_{c\in \mathrm{Neogjbpr}(b)}\mathrm{ActivationScore}(a,c)\times d\times w(c,b)$$

其中，d 是一个距离折扣量($d<1$)用于给距离原始概念远的节点一个较低的权重，$w(c,b)$是从 c 到 b 链接的关系权重。在本书的计算中，为ActivationScore应用相同的关系权重。对任何给定的概念 b，关于 a 的激活值是与它连接的所有节点的激活值的求和。

4.5　语义概念在事件表示中的应用

4.5.1　基于兴趣度的概念聚合

概念分类通常在图像层次上实施,其目的是从单幅图像中抽取潜在的语义。在基于可穿戴式设备进行日常行为分析中,核心是通过事件的语义而不是单幅图像的语义来帮助用户理解他做了什么事情,什么时间以及在哪里发生了特定的事情,事情发生时他和谁在一起,等等。然而,当连续捕捉的图像在视觉上具有很大不同,并且有不同类型的概念被探测时,通过从单幅图像识别的概念来表示整个事件的语义是不现实的。同时,不同的概念在表示事件主题时起着不同的作用。例如,在分析“开会”事件的概念时,可能识别出像“室内”“办公室”“人脸”等概念。“室内”对于“开会”事件并不是特有的概念,即它也很可能在其他事件如“工作”“购物”等事件中出现,因此应该排在更靠后的位置,而像“办公室”“人脸”等概念则是“开会”事件的更好表示。

1. 事件概念的兴趣度

为解决上述面临的问题,本书介绍一种基于兴趣度的概念聚合算法,用于融合图像概念来表示事件层的语义表示。基于兴趣度的概念聚合受到这样一个观点的推动,即事件最佳的描述概念应该是在数据集合中最独特的并最具代表性的,从而可以将给定的事件从其他事件中区分出来;同时,这些概念应该在事件中具有相对较高的频率。这个想法与标准信息检索中 tf×IDF 加权方法的思路是相似的。

在基于向量的检索系统中,文档和查询被表示为向量描述,其中每一维对应于词汇中的一个基本的概念。在这种多维度的空间中,概念的相似度可以简单地通过计算向量的几何距离获得。传统的信息检索系统应用 tf×IDF 权重来量化一个向量,向量每个维度都表示为对应的基本概念对一个文档(查询)的相对重要性。例如,欧几里得距离和余弦距离都可以用来为一个查询返回相似的向量结果。应用相同的观点,我们将上面的研究问题扩展为以下任务。

给定一个特定的事件和所有表示该事件的连续图片,每幅图片都进行了概念探测,下面的任务就是确定最佳的概念来表示事件,并根据它们对事件语义的贡献来对它们排序。

尽管某些事件如假期能持续很多天,用户对其假期的回忆也将有更长的时间跨度,而回忆假期的细节需要用户按天对事件进行解释。为了简化问题域,我们将时间覆盖长度限定于一天的范围之内。这就意味着,我们需要在同一天中找到能将一个事件从其他事件中区分出来的代表性概念。这种方法是通用的,并且可以扩展到一个周或者一个月的时间范围,从而灵活应用于不同的时间间隔中。

在这里，将概念全集记为 C。$\{E_1, E_2, \cdots, E_N\}$ 是一个特定日期中的事件集。事件 E_i 由连续的图像 $I^{(i)} = \{\mathrm{Im}_1^{(i)}, \mathrm{Im}_2^{(i)}, \cdots, \mathrm{Im}_m^{(i)}\}$ 来表示。每一图像 $\mathrm{Im}_j^{(i)}$ 可能有多个概念被探测得到，假设在 $\mathrm{Im}_j^{(i)}$ 中出现的概念为 $\{C_{j1}^{(i)}, C_{j2}^{(i)}, \cdots, C_{jn}^{(i)}\}$。从而概念 c 在事件 E_i 中出现的频率可以计算为 $f(c, E_i) = \sum_{i \leqslant j \leqslant m} l\{c \in C_j^{(i)}\}$，其中 $l\{\cdot\}$ 为指示函数。基于上述给定的假设，每个概念 $c \in C$ 对 E_i 的权重计算为

$$w(c, C_i) = \frac{f(c, E_i)}{\sum_{i \leqslant j \leqslant N} f(c, E_j) + \xi} \tag{4-1}$$

这个定义能够满足下列的假设[39]。

(1) 经常出现的概念表明了事件内的语义一致性，应该被选作该事件的候选概念。

(2) 在事件 E_i 在其他事件中出现较多的概念更加独特，应该有更高的权重。

在图像层次上探测得到的概念容易受到噪声的影响，并由于分类器本身精度所限出现误分类的问题。从而式(4-1)分母中的 ξ 用于过滤低频的误分类概念，从而选择具有较高权重且一致性强的概念。因此，事件层的概念聚合要比图像层更加鲁棒，这一点将通过后续的实验得到测试和验证。

2. 概念的语义聚合

在事件分割阶段，每个事件都通过使用 SenseCam 内嵌的传感器读数与其他事件进行了分离[11]，并为每个事件选择了最具代表性的图像作为关键帧(Keyframe)[9]。尽管概念探测容易在图像层受到噪声的影响，概念聚合方法通过融合事件层显著的概念从而对概念探测噪声具有鲁棒性。融合过程根据概念的兴趣度为事件 E_i 返回了前 k 个概念 $\{c_1^{(i)}, c_2^{(i)}, \cdots, c_k^{(i)}\}$，其中兴趣度权重 $w(c_j^{(i)}, E_i) \geqslant w(c_{j+1}^{(i)}, E_i)$。

概念聚合的主要作用在于，它将事件用概念的向量来表示，这种表示不仅反映了事件的语义，而且为事件提供了视觉上的准确表示，如关键帧选择。图 4-4 中列举了采用聚合算法得到的概念排序结果。由于单个概念分类本身的局限性，仅仅那些具有高置信度值的概念被作为图像中出现的概念，从而在事件层更相关的概念可能容易被忽略。从图 4-4 中可以看出，由 SenseCam 浏览器选择的事件关键帧[9]不见得在语义上是最具代表性的。在事件 1 中，仅仅有两个概念从关键帧中探测到，即“室内”和“办公室”，形成了概念向量 $C_{kf1} = \{$室内，办公室$\}$。根据这两个概念对事件 1 的本质进行描述必然是模糊的。而聚合算法把更独特的概念排在前面，从而得到“人”“室内”“办公室”“手”“人脸”等概念列表。这些概念与典型的事件语义相关，如“谈话”(包含“人”“人脸”等概念)及“用电脑”(包含“手”“屏幕”等概念)。这两种活动类型都反映了事件 1 的核心语义。

关键帧	事件细节	事件概念	聚合后概念
 事件1		室内、办公室、人、手、屏幕、人脸、开会、阅读	人、室内、办公室、手、人脸、屏幕、阅读、开会
 事件2		室内、室外、建筑、天空、办公室、人、树、绿地	室外、建筑、天空、树、绿地、路、草、人

彩图 4-4

图 4-4　事件层概念聚合

4.5.2　一种 VSM 形式的语义表示

由可穿戴式感知设备采集的大量多媒体数据，给长期形成的生活记录的检索和表示带来了严峻的挑战。通常采用的关键帧选择方法是基于低层特征来完成的。然而，这种事件表示方法通常不能准确地反映更高层次的事件语义。低层特征与事件语义之间的语义鸿沟问题需要解决，从而得到一种以事件为中心的表示方法。在下面介绍的方法中，采用了高层特征而不是低层特征作为量化方法，用于选择与事件语义最相关的关键帧。这种事件表示机制，可以综合图像中探测得到的概念，并且具有信息量大、视觉质量高的优点，这将在 4.5.3 节的效果分析中得到体现。

作为一个广泛使用的搜索模型，向量空间模型（Vector Space Model，VSM）[40]在信息检索中是最流行的模型之一。在 VSM 中，所有的实体包括文档、查询和词语都可以被表示为向量[41]。使用词向量作为向量空间的基，文档和查询向量可以构建为词向量的线性组合。后续的计算则可以通过分析向量之间的关联性，即查询和文档间的关系来完成。在本节，同样采用 VSM 模型作为事件的向量表示。

采用 4.5.1 节的方法，事件语义通过概念向量表示为高层特征，在该向量中概念根据其独特性被排序。假设事件 $e=\{s_1,s_2,\cdots,s_N\}$ 具有概念向量 $\boldsymbol{C}_e$，每个图像 s_i 具有概念向量 $\boldsymbol{C}_i$。$\boldsymbol{C}_e$ 和 $\boldsymbol{C}_i$ 都按照 4.5.1 节的方法进行了排序。从而选择得到的事件关键帧需要满足：

$$s^* = \underset{s_i \in e, 1 \leqslant i \leqslant N}{\operatorname{argmax}} \ \operatorname{sim}(\boldsymbol{C}_i, \boldsymbol{C}_e)$$

其中，$\operatorname{sim}(\boldsymbol{C}_i, \boldsymbol{C}_e)$是两个向量之间的相似度，在计算中采用本章文献[42]中定义的语义相似度。这个指标为每幅图像计算了与事件概念向量之间的语义相似度，而后选择语义上最相似的图像作为事件的关键帧。这种方法得到的事件表示具有如下优势。

- **语义代表性**。选择的图像是与事件语义最相似的图像，因而最能表示事件的含义。
- **富含信息**。概念向量按照概念的独特性进行了排序，对于特定事件主题更加专属的概念被排在了前面。从而选择的关键帧包含了更多与事件相关的概念。
- **高视觉质量**。所有的概念都是直接从图像探测得到的，从视觉质量差的图像中探测得到的概念的置信度很低，能探测到更多概念的关键帧具有更高的图像质量。
- **宽视场**。由于 SenseCam 可穿戴式传感器由佩戴者挂在脖子上，采集数据时衣服和胳膊容易遮挡镜头，这使得捕捉到的图像具有很窄的视场。而通过语义选择的图像将降低选择有部分遮挡的图像的风险。

为了说明这种方法的优点，图 4-5 演示了事件关键帧(Keyframe)选择的几个例子，并对采用低层特征(LLF)[9]和高层特征(HLF)的方法进行了对比。基于自动事件分割[8]的结果，我们从一天中选择了 6 个典型的事件。从图 4-5 中可以看

ID	关键帧 LLF	关键帧 HLF	ID	关键帧 LLF	关键帧 HLF
1			4		
2			5		
3			6		

彩图 4-5

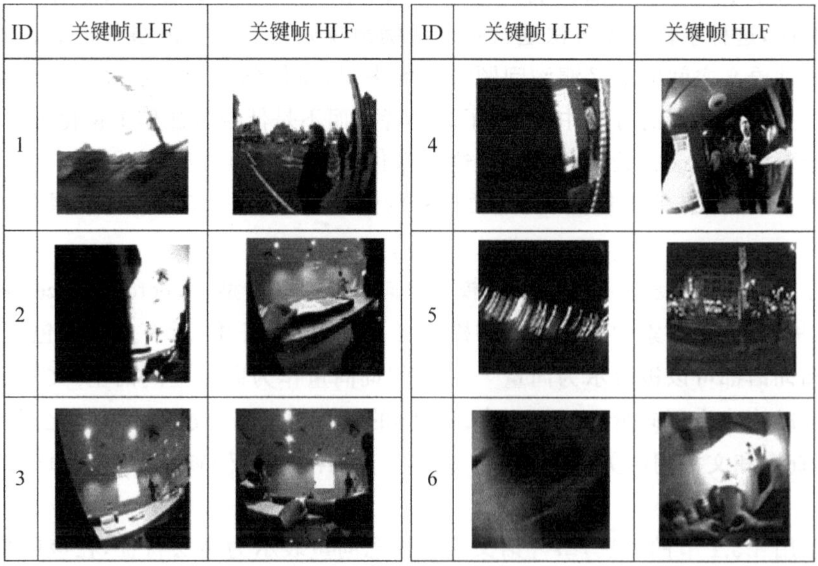

图 4-5　事件的语义表示

出,采用了高层特征选择的关键帧比采用低层特征的关键帧明显具有更高的图像质量,尤其表现在事件 1、5、6 上。在事件 1 和事件 6 中,由于运动模糊,采用低层特征方法得到关键帧中的对象几乎无法辨认出来。具有较高质量的图像通常包含更多的细节和概念信息,因此,它们自然容易被基于高层特征的方法选择。在事件 2、3、4 中,高层特征关键帧表示由于其具有的较宽的视场,所以也优于低层特征关键帧。即使在黑暗条件下,基于高层特征的选择方法也为事件 5 选择了具有更多细节和更好质量的图像。

4.5.3 应用效果分析

为了评估事件表示的语义选择效果,实验中采用了 27 个典型概念的分类器,为基于 SenseCam 的事件处理构建概念空间,并在表 4-6 中被分为对象、场景、人员、事件 4 类。需要说明的是,这种语义关键帧选取方法是通用的,并可以扩展到更大的概念集合。

表 4-6 用于关键帧选择评估的概念集

类别	概 念
对象	screen, steering wheel, car/bus/vehicles
场景	indoor, outdoor, office, toilet/bathroom, door, buildings, vegetation, road, sky, tree, grass, inside vehicle, view horizon, stair
人员	face, people, hand
事件	reading, holding cup, holding phone, presentation, meeting, eating, shopping

不失一般性,在实验中采用了通用的 SVM 机器学习算法用于概念探测。为此,从每一幅 SenseCam 图像中抽取两种 MPEG-7 特征,即可伸缩颜色(12 维)、颜色布局(64 维),从而构成了 76 维的特征向量。对于本实验中介绍的实验结果,采用了 SVM-Light 工具包[43]并选用了径向基函数核,即 $K(a,b)=\exp(-\gamma\|a-b\|^2)$。径向基函数核通常比其他核效果要好,并且在很多多媒体搜索引擎中被采用[44-45],径向基函数核从扭曲的高维空间中学习非线性决策边界具有很强的能力。在本实验中,算法参数的设置通过对参数组合进行迭代搜索来确定。对不同概念分别训练了分类器模型。也就是说,各概念探测是独自进行的,从而为每幅图像形成了 27 维的概念探测置信度向量。

前面提到,基于可穿戴式感知设备所记录的多媒体数据与传统新闻电视视频(如 TRECVid 标准评测[46-47])中的视频关键帧在视觉上具有很大的不同,因此不能在 TRECVid 数据集上对算法进行评估。因此,本实验在 6 个可穿戴式传感器 SenseCam 使用者所记录的图像数据上进行评估。这些实验参与者都穿戴 SenseCam,采集了不同时间长度的数据。与基于兴趣的语义关键帧选择方法进行比较的基线方法是,选择事件图像流中间的一幅作为整个事件的表示,相同的方法也经常在视频关键帧的选择中使用。实验用数据集的细节在表 4-7 中给出，该数据集共包含 96217 幅图像组成的 1055 个事件。

首先在图像层实施了概念探测，而后应用了基于兴趣的聚合方法以用于建模事件语义。在实验中，根据以往经验为式(4-1)选取 $\xi=200$，这是考虑到大多数的事件都包含少于 200 幅图像。图像—事件语义相似度的计算，用于选择与事件语义最相近的图像。在本章文献[9]中，融合了对比度和显著性的图像质量分析方法获得了比较满意的用户判断结果，而且并不比采用全局锐度等更复杂的融合方法逊色，实验采用了该文献中的对比度和显著性度量作为评估关键帧质量的指标。计算得到的对比度和显著性值分别通过 Max-Min 尺度进行了归一化。为了降低外部因素的影响，例如对不同人的生活方式以及不同 SenseCam 镜头的拍摄效果等，实验对每个人员分别进行了算法结果分析。

表 4-7 实验用数据集

用户号	事件	图像	用户号	事件	图像
User1	300	26 062	User4	168	18 085
User2	248	25 341	User5	70	6097
User3	242	19 233	User6	27	1399

图 4-6 中以每个用户为例进行了比较。可以看出，对于所有参与用户来说，采用基于兴趣的语义关键帧选择方法之后，两个指标都较基线方法有了很大的提升。需要指出的是，第 5 个用户(User5)在实验数据采集中使用了一个较旧的 SenseCam 可穿戴式设备，该设备的外部光学镜头受到了磨损，从而得到的图像是模糊不清的。即使如此，基于语义的算法仍然表现突出，体现了这种语义建模方法的鲁棒性。

彩图 4-6

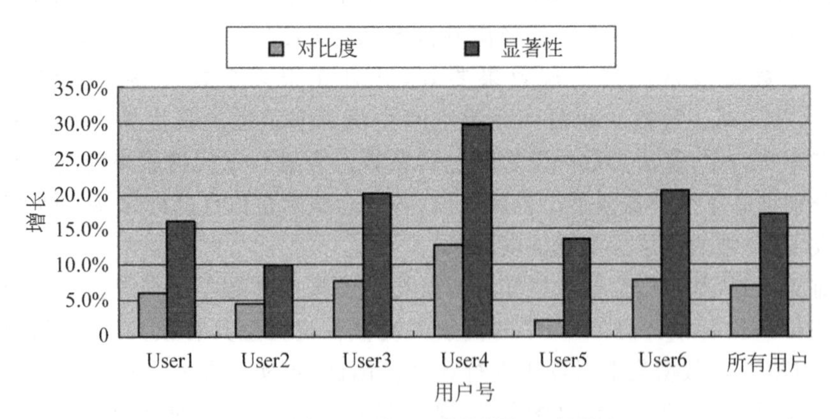

图 4-6 在对比度和显著性指标上的提高

在实验中，通过选择概念向量的前 k 个量化结果可以调整建模的复杂度，并测试事件语义对表示图像选择的效果。图 4-7 表示了所选关键帧的质量与事件语义的依赖关系，并通过选择概念向量的前 k 个概念来调整事件语义的表示结果。图中将对比度和显著性采用相同权值即 0.5 进行了平均，并随机选择了三个参与者融合后的图像质量值，与相应的基线方法结果进行了对比。当参数 k 降低（即应用更少的概念）时，基于语义的图像表示的质量在 $k \leqslant 10$ 的时刻开始下降。k 的选择与图像质量结果的这种相关性，表明了事件语义对关键帧选择的影响。当仅仅采用一小部分语义时，即 $k \leqslant 2$，图像质量值曲线与用户各自的基线结果曲线相交，表明了并没有明显的效果提升。这也验证了这种基于语义的方法在对语义量化表示中的优越性。

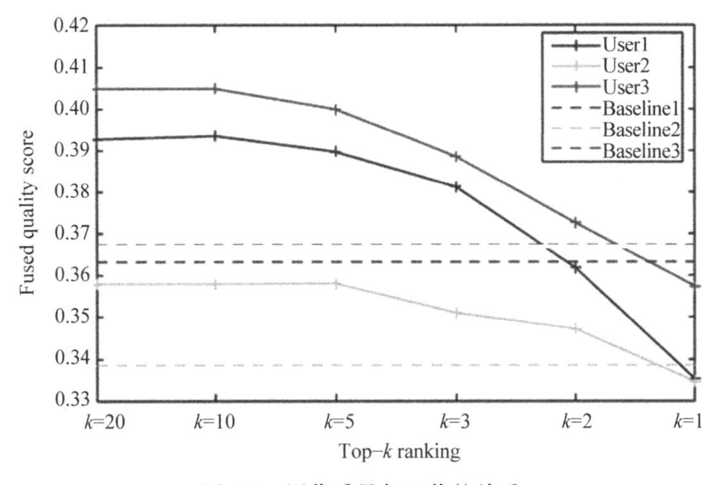

彩图 4-7

图 4-7　图像质量与 k 值的关系

图 4-8 中对比了在每个所选关键帧中概念的数量。当更多概念被采用，如 $k=20$ 或 $k=10$，关键帧中倾向于包含关于事件的更多概念（将近一半都有 3 个或 4 个概念）。类似于图 4-7 中的图像质量，事件表示中概念的数量也随 k 值的减少而降低。同时，关键帧的表达能力降低，从而只能反映所表示事件的少量细节。当仅从事件的概念向量中选择第一个概念，即 $k=1$ 时，由本方法所选关键帧所反映出的语义基本上与基线方法相同。从上面的实验结果可以看出，基于语义选择的关键帧的图像质量和潜在的概念都与 k 值的选择具有强相关性。当更多的语义信息被应用（$k \geqslant 5$），该算法能够更好地选择关键帧，并具有更强的代表性和更好的图像质量。这种基于兴趣的事件语义聚合方法，不但能够反映事件的语义内容，并且可以提供一种计算语义关系的手段，用于在概念空间中进行相似度比较。

彩图 4-8

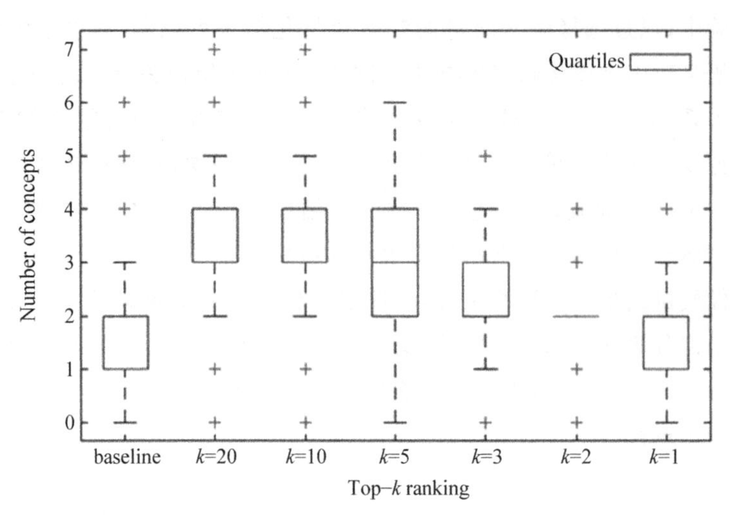

图 4-8　单个图像表示中的概念数量

4.6　本章小结

本章从对可穿戴式设备记录的视觉媒体数据进行日常行为语义描述的角度，介绍了对应的事件语义空间的构建方法。首先分析了与事件相关的概念的分布特征，指出了概念空间构建需要考虑的几个准则。其次，采用基于事件语义进行视觉处理的思路，通过设计用户实验构建了与日常活动、事件主题相关的概念所构成的语义空间。还介绍了对概念间关系进行量化分析的方法。最后以事件的图像表示为例，介绍了一种基于兴趣度的概念聚合方法，用于从语义相关性出发进行事件关键帧的选择，并表明了该语义空间在可穿戴式日常行为解释和表征方面的优势。

参考文献

[1] Hauptmann A, Yan R, Lin W H. How many high-level concepts will fill the semantic gap in news video retrieval?: Proceedings of the 6th ACM International Conference on Image and Video Retrieval[C]. New York: ACM, 2007.

[2] Yan W Q, Kieran D, Rafatirad S, et al. A comprehensive study of visual event computing [J]. Multimedia Tools and Applications, 2011, 55 443-481.

[3] Zacks J M, Braver T S, Sheridan M A, et al. Human brain activity time-locked to perceptual event boundaries[J]. Nature Neuroscience, 2001, 4(6): 651-655.

[4] Xie L, Sundaram H, Campbell M. Event mining in multimedia streams[J]. Proceedings of the IEEE, 2008, 96(4): 623-647.

[5] Yang H, Chua T S, Wang S, et al. Structured use of external knowledge for event-based

open domain question answering: Proceedings of the 26th Annual International ACM SIGIR Conference on Research and Development in Information Retrieval[C]. New York: ACM,2003.

[6] Westermann U,Jain R. Toward a common event model for multimedia applications[J]. IEEE Multimedia,2007,14: 19-29.

[7] Zunjarwad A,Sundaram H,Xie L. Contextual wisdom: social relations and correlations for multimedia event annotation: Proceedings of the 15th International Conference on Multimedia[C]. New York: ACM,2007.

[8] Doherty A R,Smeaton A F. Automatically segmenting lifelog data into events: Proceedings of the 2008 Ninth International Workshop on Image Analysis for Multimedia Interactive Services[C].[S.l.]: IEEE,2008.

[9] Doherty A R,Byrne D,Smeaton A F,et al. Investigating keyframe selection methods in the novel domain of passively captured visual lifelogs: Proceedings of the 2008 International Conference on Content-based Image and Video Retrieval[C]. New York: ACM,2008.

[10] Kelly P,Doherty A R,Smeaton A F,et al. The colour of life: novel visualizations of population lifestyles: Proceedings of the International Conference on Multimedia[C]. New York: ACM,2010.

[11] Doherty A R,Smeaton A F. Automatically augmenting lifelog events using per-vasively generated content from millions of people[J]. Sensors,2010,10(3): 1423-1446.

[12] Byrne D,Doherty AR,Snoek C G M,et al. Everyday concept detection in visual lifelogs: validation,relationships and trends[J]. Multimedia Tools and Applications,2010,49(1): 119-144.

[13] Doherty A R,Caprani N,Conaire C,et al. Passively recognizing human activities through lifelogging[J]. Computers in Human Behavior,2011,27: 1948-1958.

[14] Law M,Steinwender S,Leclair L. Occupation,health and well-being[J]. Canadian Journal of Occupational Therapy,1998,65(2): 81-91.

[15] McKenna K,Broome K,Liddle J. What older people do: Time use and exploring the link between role participation and life satisfaction in people aged 65 years and over[J]. Australian Occupational Therapy Journal,2007,54(4): 273-284.

[16] Kahneman D,Krueger A B,Schkade D A,et al. A survey method for characterizing daily life experience: The day reconstruction method[J]. Science,2004,306(5702): 1776-1780.

[17] 日常行为统计 1[OL].[2015-05-17]. http://www.statistics.gov.uk/StatBase/ ssdataset.asp?vlnk=7038&More=Y.

[18] 日常行为统计 2[OL].[2015-05-17]. http://www.statistics.gov.uk/StatBase/ ssdataset.asp?vlnk=9497&Pos=&ColRank=1&Rank=272.

[19] Chilvers R,Corr S,Hayley S. Investigation into the occupational lives of healthy older people through their use of time[J]. Australian Occupational Therapy Journal,2010,57(1): 24-33.

[20] Lakoff G. Women,Fire,and Dangerous Things[M]. Chicago: University of Chicago Press,1990.

[21] Huurnink B,Hofmann K,Rijke M. Assessing concept selection for video retrieval:

Proceedings of the 1st ACM International Conference on Multimedia Information Retrieval[C]. New York: ACM,2008.

[22] Wei X Y,Ngo C W. Ontology-enriched semantic space for video search: Proceedings of the 15th International Conference on Multimedia[C]. New York: ACM,2007.

[23] Wang P, Smeaton A F. Semantics-based selection of everyday concepts in visual lifelogging[J]. International Journal of Multimedia Information Retrieval,2012,1(2): 87-101.

[24] Rada R,Mili H,Bicknell E,et al. Development and application of a metric on semantic nets[J]. IEEE Transactions on Systems,Man and Cybernetics,1989,19(1): 17-30.

[25] Miller G A. WordNet: a lexical database for English[J]. Communications of the ACM, 1995,38(11): 39-41.

[26] Resnik P. Semantic similarity in a taxonomy: An information-based measure and its application to problems of ambiguity in natural language [J]. Journal of Artificial Intelligence Research,1999,11: 95-130.

[27] Richardson R, Smeaton A F. Using WordNet in a knowledge-based approach to information retrieval: Dublin City University Technical Report: CA-0395[R].[S.l.: s. n.],1995.

[28] Hirst G,St-Onge D. Lexical chains as representation of context for the detection and correction malapropisms[M]//Fellbaum C,Miller G. WordNet: An Electronic Lexical Database.[S.l.]: MIT Press,1998: 305-332.

[29] Wu Z,Palmer M. Verb semantics and lexical selection: Proceedings of the 32nd Annual Meeting on Association for Computational Linguistics[C]. New York: ACM,1994.

[30] Leacock C,Chodorow M. Combining local context and WordNet similarity for word sense identification[M]//Fellbaum C,Miller G. WordNet: An Electronic Lexical Database.[S.l.]: MIT Press,1998: 265-283.

[31] Resnik P. Using information content to evaluate semantic similarity in a taxonomy: Proceedings of the 14th International Joint Conference on Artificial Intelligence[C]. New York: ACM,1995.

[32] Smeaton A F, Quigley I. Experiments on using semantic distances between words in image caption retrieval: Proceedings of the 19th Annual International ACM SIGIR Conference on Research and Development in Information Retrieval[C]. New York: ACM,1996.

[33] Jiang J, Conrath D W. Semantic similarity based on corpus statistics and lexical taxonomy: Proceedings of the International Conference Research on Computational Linguistics[C].[S.l.: s.n.],1997.

[34] Lin D. An information-theoretic definition of similarity: Proceedings of the 15th International Conference on Machine Learning[C]. San Francisco: Morgan Kaufmann Publishers Inc.,1998.

[35] Seco N,Veale T,Hayes J. An intrinsic information content metric for semantic similarity

in WordNet: Proceedings of the 16th European Conference on Artificial Intelligence[C]. Amsterdam: IOS Press, 2004.

[36] Pirró G, Euzenat J. A feature and information theoretic framework for semantic similarity and relatedness: Proceedings of the 9th International Semantic Web Conference on the Semantic Web[C]. Berlin: Springer, 2010.

[37] Liu H, Singh P. Commonsense reasoning in and over natural language: Proceedings of the 8th International Conference on Knowledge-Based Intelligent Information and Engineering Systems[C]. New York: ACM, 2004.

[38] Liu H, Singh P. ConceptNet - a practical commonsense reasoning tool-kit[J]. BT Technology Journal, 2004, 22: 211-226.

[39] Dubinko M, Kumar R, Magnani J, et al. Visualizing tags over time: Proceedings of the 15th International Conference on World Wide Web[C]. New York: ACM, 2006.

[40] Baeza-Yates R, Ribeiro-Neto B. Modern Information Retrieval[M]. 1st ed. Boston: Addison Wesley, 1999.

[41] Silva I R, Souza J N, Santos K S. Dependence among terms in vector space model: Proceedings of the International Database Engineering and Applications Symposium[C]. New York: ACM, 2004.

[42] Wang P, Smeaton A F. Aggregating semantic concepts for event representation in lifelogging: Proceedings of the International Workshop on Semantic Web Information Management[C]. New York: ACM, 2011.

[43] Joachims T. Making large-scale support vector machine learning practical[M]//Schölkopf B, Burges C J C, Smola A J. Advances in kernel methods: support vector learning. [S.l.]: MIT Press, 1999: 169-184.

[44] Snoek C G M, Huurnink B, Hollink L, et al. Adding semantics to detectors for video retrieval[J]. IEEE Transactions on Multimedia, 2007, 9(5): 975-986.

[45] Snoek C G M, Worring M, Gemert J C, et al. The challenge problem for automated detection of 101 semantic concepts in multimedia: Proceedings of the 14th annual ACM International Conference on Multimedia[C]. New York: ACM, 2006.

[46] Smeaton A F, Over P, Kraaij W. Evaluation campaigns and TRECVid: Proceedings of the 8th ACM International Workshop on Multimedia Information Retrieval[C]. New York: ACM, 2006.

[47] Smeaton A F, Over P, Kraaij W. High level feature detection from video in TRECVid: a 5-year retrospective of achievements[M]//Ajay Divakaran. Multimedia Content Analysis: Theory and Applications. [S.l.]: Springer US, 2009: 151-174.

第5章　训练无关的语义概念增强方法

基于语义分析的方法对视觉媒体进行索引已经远远超出了对若干独立概念探测器的简单应用，通过结合多种概念信息及概念探测结果进行后期处理的方法可以进行更加有效的语义检索。由于训练样本集本身的局限性，如人工标注的稀疏性、不准确等缺点，基于特定训练样本集的方法用于对可视媒体进行精度的提高，往往面临着概念相关性(如概念同时出现的规律、本体关联关系等)难以准确获取的问题。

在前面的研究现状中介绍过，可视媒体语义索引的提炼和精度增强是利用概念相关性对索引结果进一步改善的关键技术。这种索引增强技术的作用，是通过给出可视媒体进行概念探测的结果，对该结果应用概念的相关性进行调整和改善，以达到对大量可视媒体有效索引的目的。随着图像、视频等可视媒体在互联网上体量的快速增长，以及在行为自动识别和分析中的多种应用，这种索引的增强方法不可避免地需要满足三点要求：①对语义概念索引的灵活性；②对不同数量和质量的标注数据的适应性；③对大规模样本数据的扩展性。在可视媒体语义索引增强的过程中，应该尽量满足上述三点要求，这样才能保证增强方法在视觉媒体大数据上的灵活应用，否则在进行索引增强的过程中，很难有效利用语义概念的相关性，从而影响预期的效果。

为满足实际应用的要求，本章将详细介绍一种灵活有效的可视媒体语义索引的精度增强算法。该算法将全局上下文语义关系、本体相关性、局部关联关系等语义内容结合起来，在大大提高索引精度的同时，减少了对标注数据集和外部知识库的依赖，在很大程度上提高了方法的灵活性。并且本方法的一个突出的优点是，能在不受训练数据集和外部知识限制的情况下充分发掘概念本身存在的出现规律，以实现概念探测结果的自学习和自调整。

5.1　方法出发点

融合概念探测的结果以提供更高质量的语义分析和索引结果是充满挑战的问题。当前的研究更多地集中于从训练数据集中学习得到概念间的显式(Explicit)关系，并将这种量化关系应用于测试数据集。由于原始的语义概念探测的结果通常是不准确和充满噪声的，在实际研究中很少有学者直接采用原始的探测结果进行相关性分析并用于探测结果的增强。然而，依据 TRECVid 国际评测的结果，概念探测的精度已经逐步达到可以接受的水平，尤其对于一些具有足够多标注样本的概念[1-2]。尽管进行概念相关性的准确量化仍存在很多困难，但是这些具有更高概念探测精度的结果应该可以用来作为提高整个索引效果的线索和依据，这是因为概念之间不是相互独立而是紧密相关的。

对于日常行为记录，这些媒体内容往往存在很强的时间特性和局部相似特性。视频记录中邻近帧之间存在很强的时间相关性，这种相关性也是很多压缩算法实施的基础。在日常行为记录中，可穿戴式记录设备通过持续捕捉外界环境的变化从而使镜头或关键帧之间在语义内容上是紧密相关的。这种相关性往往由可穿戴式传感器所记录的相同场景或者穿戴者所持续从事的行为活动之间的关联特征所决定，例如“做饭”行为中视觉概念如“冰箱”“微波炉”等出现的关联性。除了日常行为记录，在社交媒体事件中持续拍摄或共享的静态图像间由于共同的位置、活动或用户间的社交关系等也会产生很强的语义关联。对于这种语义关联的视觉媒体处理，可以很自然地联想到利用它们内在的时序关联关系进行概念索引的后期处理，即充分利用这些视觉媒体的局部邻近关系对语义识别的结果进行增强。

本章所介绍的训练无关的语义概念增强算法（Training Free Refinement，TFR）受如下 4 点启发。

(1) 可靠性(Reliability)。对于一些概念的探测结果，其精度已经达到足够高的程度，并可以用来作为进行其他概念结果精度增强的可靠依据。

(2) 相关性(Correlation)。多个概念往往同时在单幅画面中出现，或者存在一些概念相互排斥，即不能同时存在于同一幅画面中。也就是说，概念是相关的，却不是独立的。

(3) 紧凑性(Compactness)。由于概念的出现模式不是相互独立的，因而概念索引的结果可以被映射到一个更加紧凑的语义空间，而不破坏原有的相关性。

(4) 重复性(Re-Occurrence)。同一批概念经常在语义相近的媒体样本中重复出现。因此，在具有时间关系的可视媒体，如邻近的视频关键帧、图像序列等，这种邻近关系可以进一步得到利用。

5.2　方法描述

依据 5.1 节的假设，我们提出了训练无关的索引增强算法，该算法可以整合不同精度概念探测结果的相关性，对整体概念索引的效果进行提高。在原始概念探测过程中，单个概念探测器在单幅图像上的识别结果通常由返回的置信度(Confidence)值来表示，对初始的概念探测置信度结果进行整合，可以构建结果矩阵 $\boldsymbol{C}$。在该结果矩阵中，每行 $c_i(1 \leqslant i \leqslant N)$ 代表可视媒体的一个样本，如可穿戴式视觉设备记录的一幅图像或一个视频镜头；每一列 v_j（$1 \leqslant j \leqslant M$）代表用于语义索引的单个概念。其中，$N$ 和 M 分别表示样本和词汇的个数。

如图 5-1 所示，本章提出的可视媒体语义索引的精度增强算法主要包括全局增强（Global Refinement，GR）和近邻传播（Neighborhood Propagation，NP）两部分。这两部分分别通过本体支持的非负矩阵分解方法和基于相似度的图传播方法进行，二者分别利用了概念出现的全局上下文特征和局部相似度特征来实现对原始概念探测精度的改善。

GR 的出发点是，首先选择出具有更高可能性是正确的概念探测结果，这些结果可以构建一个不完全但更可靠的矩阵，该矩阵可以通过分解的办法得到补全。在图 5-1(b)中，GR 通过加权的矩阵分解对原始探测结果矩阵 $\boldsymbol{C}$ 中原本不精确的元素进行估计。如果存在概念本体结构，那么本体关系可以在这个分解过程中用于选择与 $\boldsymbol{C}$ 对应的合适权重矩阵元素。在图 5-1(c)中，以重新构建的矩阵 $\boldsymbol{C}'$ 为基础计算样本间相似度，并根据该相似度为目标样本 c_i 确定一定数量的最邻近样本。然后，通过应用传播算法根据与每个样本互联的邻近样本对概念标签进行迭代推理。

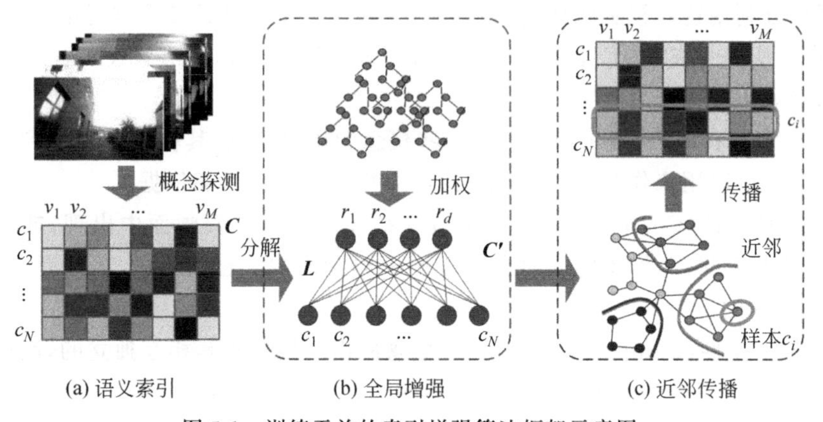

彩图 5-1

图 5-1　训练无关的索引增强算法框架示意图

图 5-1(a)为语义索引，视觉媒体样本通过概念探测后返回结果矩阵 $\boldsymbol{C}$。图 5-1(b)为全局增强，对 $\boldsymbol{C}$ 进行调整并通过全局上下文模式修改为 $\boldsymbol{C}'$。图 5-1(c)为近邻传播，进一步通过相似度传播方法对 $\boldsymbol{C}'$ 进行修正。

5.2.1　概念探测结果分解

在图 5-1 中，用不同的灰度值表示原始概念探测结果矩阵 $\boldsymbol{C}$ 中置信度元素的大小。在 GR 过程中，对概念探测结果分解的目的是对矩阵 $\boldsymbol{C}$ 进行调整，以使从调整后结果中反映出的概念上下文关系与实际情况更加一致。非负矩阵分解方法（Non-Negative Matrix Factorization，NMF）在从具有稀疏特性的输入数据中获得关键特征具有很强的优势，这种方法更加适用于像语义索引增强这种自身的标注数据集具有稀疏性且 $\boldsymbol{C}$ 中的置信度元素非负的情况。对 $\boldsymbol{C}$ 应用非负矩阵分解的目的是将其近似为 $\widetilde{\boldsymbol{C}}=\boldsymbol{LR}$，其中，向量 $\boldsymbol{L}_{N\times d}\boldsymbol{R}_{d\times M}$ 及分别代表 d 维样本相关和概念相关的隐含成分。通过应用自定义的优化规则，$\boldsymbol{C}$ 中的每个置信度值可以被调整为 $\tilde{c}_{ij}=\sum_{k=1}^{d} l_{ik}\times r_{kj}$。在 GR 全局调整过程中，可以采用加权低秩约束的方法优化上述的分解问题，以反映不同精度概念探测结果对优化函数的影响。由于 $\boldsymbol{C}$ 中每个置信度元素 c_{ij} 表示概念 v_j 在样本 c_i 中出现的概率，当 c_{ij} 的值较高时，对概念 v_j 存在的估计可能更加正确。这个假设同样在本章文献[3]和[4]中被采用，即如果概念探测器返回的置信度值高于某个阈值时，那么最初的探测器相对来说更加可靠。为区分不同概念探测器对优化函数的贡献，我们在研究中采用一个权值矩阵 $\boldsymbol{W}=(w_{ij})_{N\times M}$ 进行约束，并对如下加权最小二乘函数进行优化。

$$F=\frac{1}{2}\sum_{ij}w_{ij}(c_{ij}-\boldsymbol{L}_i\boldsymbol{R}_j)^2+\frac{\lambda}{2}(\|\boldsymbol{L}\|_F^2+\|\boldsymbol{R}\|_F^2) \tag{5-1}$$

其中，$\|\boldsymbol{L}\|\geqslant 0$，$\|\boldsymbol{R}\|\geqslant 0$，表示 Frobenius 范数。二次正则项 $\lambda(\|\boldsymbol{L}\|_F^2+\|\boldsymbol{R}\|_F^2)$ 用于防止在优化过程中出现过拟合。在实际应用过程中，可以在权重矩阵 $\boldsymbol{W}$ 中为更加可靠的探测结果对应的元素赋以较高的权值，而为不是很可靠的探测结果对应的元素赋以较低的权值。在完成分解后，对探测结果的调整可以表示为对前后两个置信矩阵的融合，即

$$\boldsymbol{C}'=\alpha\boldsymbol{C}+(1-\alpha)\widetilde{\boldsymbol{C}}=\alpha\boldsymbol{C}(1-\alpha)\boldsymbol{LR} \tag{5-2}$$

在求解上述矩阵分解问题的过程中，采用了乘法方法（Multiplicative Method）[5]。不同于采用固定优化步长的方法，这种方法具有自动缩放学习速率的优势。在不失普遍性的前提下，在下面的推导中以对矩阵 $\boldsymbol{R}$ 的更新为例，对矩阵 $\boldsymbol{L}$ 的更新可以用相似的方法获得。受本章文献[5]的启发，本章为函数 $F(r)$ 构建一个辅助函数（Auxiliary Function）$G(r,r^k)$，在这个函数中将矩阵 $\boldsymbol{L}$ 以及矩阵 $\boldsymbol{R}$、$\boldsymbol{C}$ 和 $\boldsymbol{W}$ 中的对应列 r、c、w 固定。函数 $G(r,r^k)$ 应该满足条件：$G(r,r^k)\geqslant F(r)$ 和 $G(r,r)=F(r)$。因此，函数 $F(r)$ 按照如下的更新规则是不增的[5]，即

$$r^{t+1}=\underset{t}{\operatorname{argmin}}\,G(r,r^t) \tag{5-3}$$

其中，r^t 和 r^{t+1} 表示在连续的两次迭代中对 r 值的更新。对上述定义的 F，本章构建 G 函数为

$$G(r,r^t)=F(r^t)+(r-r^t)^{\mathrm{T}}\nabla F(r^t)+\frac{1}{2}(r-r^t)^{\mathrm{T}}K(r^t)(r-r^t) \tag{5-4}$$

其中，r^t 是当前优化过程中的更新状态。定义 $\boldsymbol{D}(\cdot)$ 为由向量构建的对角矩阵，上述式(5-4)中的 $K(r^t)$ 可以定义为

$$K(r^t)=\boldsymbol{D}\left(\frac{(\boldsymbol{L}^{\mathrm{T}}\boldsymbol{D}_w\boldsymbol{L}+\lambda I)r^t}{r^t}\right) \tag{5-5}$$

其中，$\boldsymbol{D}_w=\boldsymbol{D}(w)$，上述的除法执行的是元素除法。因此，$r$ 可以通过优化 $G(r,r^t)$ 进行更新。通过求解

$$\frac{\partial G(r,r^t)}{\partial r}=0$$

可以获得

$$\nabla F(r^t)+K(r^t)r-K(r^t)r^t=0 \tag{5-6}$$

其中，$\nabla F(r^t)=\boldsymbol{L}^{\mathrm{T}}\boldsymbol{D}_w(\boldsymbol{L}r^t-c)+\lambda r^t$，代入式(5-6)可以获得对 $\boldsymbol{R}$ 的更新规则为

$$\boldsymbol{R}_{kj}^{t+1}\leftarrow \boldsymbol{R}_{kj}^{t}\frac{[\boldsymbol{L}^{\mathrm{T}}(\boldsymbol{C}\circ\boldsymbol{W})]_{kj}}{[\boldsymbol{L}^{\mathrm{T}}(\boldsymbol{LR}\circ\boldsymbol{W})]_{kj}+\lambda\boldsymbol{R}_{kj}} \tag{5-7}$$

其中，$\circ$表示 Hadamard 即元素乘法。矩阵 $\boldsymbol{L}$ 中的每个元素可以通过相似的更新规则进行迭代，即

$$\boldsymbol{L}_{ik}^{t+1}\leftarrow \boldsymbol{L}_{ik}^{t}\frac{[(\boldsymbol{C}\circ\boldsymbol{W})\boldsymbol{R}^{\mathrm{T}}]_{ik}}{[(\boldsymbol{LR}\circ\boldsymbol{W})\boldsymbol{R}^{\mathrm{T}}]_{ik}+\lambda\boldsymbol{L}_{ik}} \tag{5-8}$$

需要说明的是，可以通过证明函数 G 是 F 的辅助函数进而证明上述的更新过程是收敛的，这个证明将在 5.2.3 节给出。

5.2.2 集成概念本体

在 5.2.1 节，应用了加权非负矩阵分解的方法进行了低精度概念探测结果的调整，这种调整基于假设：如果 $\boldsymbol{C}$ 中元素高于特定的阈值，则对应的概念探测将更加可靠。如果为低置信度值都设置相同的权值，上述的方法将以相等的机会对这些概念探测的结果进行调整。然而，在实际应用中并非如此，不同概念往往需要进行不同力度的调整。为了从权值矩阵 $\boldsymbol{W}$ 中反映概念的相关性，本章为基于非负矩阵分解的方法引入一种新的本体加权策略(Ontological Weighting Scheme，OWS)。

为建模概念语义，首先构建了概念本体结构以方便从该本体结构中为不同的概念推理出适当的权值，这种思路与本章文献[6]相似。其目的是更准确地构建矩阵 $\boldsymbol{W}$ 以反映不同概念之间的交互关系和各自不同的探测精度。基于这种启发，将概念 v 的祖先节点(Ascendant)和后代节点(Descendant)分别表示为 ASC(v)和 DES(v)。类似地，将以显式方式在本体中建模的互斥(Disjoint)概念标记为 DIS(v)。由概念探测器返回的样本 x 中出现概念 v 的置信度值为 Conf($v|x$)。引入多类边缘(Multi-Class Margin)[7]为

$$\mathrm{Conf}(v|x)-\max_{v_i\in D}\mathrm{Conf}(v_i|x) \tag{5-9}$$

其中，D 为 v 的互斥概念全集，即所有与 v 不能同时出现的概念的集合。需要说明的是，由于在本体中存在隐含的与 v 互斥的概念，因此有 $D\supseteq$DIS(v)。例如，在本体结构中只描述了“室内”和“室外”，二者是互斥的概念，其中“树”“天空”和“路”是“室外”的后代概念。因此，DIS(室外)只包括“室内”这一概念，而“室内”概念所

有互斥概念的全集 D 包括"室外"和"室外"的所有子孙节点,如"树""天空"和"路"。事实上,全集 D 包括 DIS(v)和 DES(DIS(v))以及 DIS(ASC(v))。其中,DES(DIS(v))表示 v 的互斥概念的全部子孙概念,DIS(ASC(v))表示 v 的祖先概念的全部互斥概念。所有这些对概念关系的陈述(Statement)可以在本体中直接声明或进行推理。然而,在推理过程中需要采用推理机(Reasoner)对隐含的互斥陈述进行逻辑上的推理。RDFS[8] 和 OWL[9] 等不同的推理机可以在本体推理过程中直接采用,并在算法中执行获得隐含概念关系的任务。通过引入本体结构,可以将 $\boldsymbol{W}$ 中的元素进一步赋值为

$$w_{ij} \propto 1-(c_{ij}-\max_{v_k \in D} c_{ik}) \tag{5-10}$$

这种加权策略可以解释为:如果与概念 v_j 互斥的概念具有更高的探测置信度值,则 v_j 在样本 x_i 中出现的可能性将会减小。在这种情况下,概念 v_j 的权值应该适当增大。在相反的情况下,将会应用多类边缘的定义将权值减小。

5.2.3 收敛性证明

前面的推导可以直接得出 $G(r,r^t)=F(r)$ 是满足的,因此对 $G(r,r^t)$ 是函数 $F(r)$ 的辅助函数的证明,事实上仅需要证明 $G(r,r^t) \geqslant F(r)$。为此,将函数 $F(r)$ 扩展为如下形式。

$$\begin{aligned}F(r) &= \frac{1}{2}(c-\boldsymbol{L}r)^t\boldsymbol{D}_w(c-\boldsymbol{L}r)+\frac{\lambda}{2}r^t r+\boldsymbol{C}(\boldsymbol{L}) \\ &= F(r^t)+(r-r^t)^t\nabla F(r^t)+ \\ &\quad \frac{1}{2}(r-r^t)^t(\boldsymbol{L}^t\boldsymbol{D}_w\boldsymbol{L}+\lambda\boldsymbol{I}(r-r^t)^t)\end{aligned} \tag{5-11}$$

其中,$\boldsymbol{I}$ 是 $d \times d$ 单位矩阵且 $\boldsymbol{C}(\boldsymbol{L})$ 只与 $\boldsymbol{L}$ 有关。只需证明

$$(r-r^t)^t(F(r^t)-\boldsymbol{L}^{\mathrm{T}}\boldsymbol{D}_w\boldsymbol{L}-\lambda\boldsymbol{I})(r-r^t) \geqslant 0 \tag{5-12}$$

这就等同于证明 $\boldsymbol{D}\left(\dfrac{\boldsymbol{L}^{\mathrm{T}}\boldsymbol{D}_w\boldsymbol{L}\boldsymbol{r}^t}{\boldsymbol{r}^t}\right)-\boldsymbol{L}^{\mathrm{T}}\boldsymbol{D}_w\boldsymbol{L}$ 是半正定的(Positive Semi-definite)。为此定义一个缩放矩阵为

$$\begin{aligned}\boldsymbol{M} &= \boldsymbol{D}(r^t)\left[\left(\boldsymbol{D}\frac{\boldsymbol{L}^{\mathrm{T}}\boldsymbol{D}_w\boldsymbol{L}\boldsymbol{r}^t}{\boldsymbol{r}^t}\right)-\boldsymbol{L}^{\mathrm{T}}\boldsymbol{D}_w\boldsymbol{L}\right]\boldsymbol{D}(r^t) \\ &= \boldsymbol{D}(\boldsymbol{L}^{\mathrm{T}}\boldsymbol{D}_w\boldsymbol{L}r^t)\boldsymbol{D}(r^t)-\boldsymbol{D}(r^t)(\boldsymbol{L}^{\mathrm{T}}\boldsymbol{D}_w\boldsymbol{L})\boldsymbol{D}(r^t)\end{aligned} \tag{5-13}$$

对任意向量 $\boldsymbol{v}$,由于 $\boldsymbol{M}$ 是对称的矩阵,可以得到

$$\begin{aligned}\boldsymbol{v}^{\mathrm{T}}\boldsymbol{M}\boldsymbol{v} &= \sum_{ij} v_i M_{ij} v_j \\ &= \sum_{ij}[r_i^t(\boldsymbol{L}^{\mathrm{T}}\boldsymbol{D}_w\boldsymbol{L})_{ij}r_j^t v_i^2 - v_i r_i^t(\boldsymbol{L}^{\mathrm{T}}\boldsymbol{D}_w\boldsymbol{L})_{ij}r_j^t v_j] \\ &= \sum_{ij}(\boldsymbol{L}^{\mathrm{T}}\boldsymbol{D}_w\boldsymbol{L})_{ij}r_i^t r_j^t\left(\frac{1}{2}v_i^2+\frac{1}{2}v_j^2-v_i v_j\right)\end{aligned}$$

$$=\frac{1}{2}\sum_{ij}(\boldsymbol{L}^{\mathrm{T}}\boldsymbol{D}_w\boldsymbol{L})_{ij}r_i^t r_j^t(v_i-v_j)^2\geqslant 0 \tag{5-14}$$

至此，可以判断$\boldsymbol{D}\left(\frac{\boldsymbol{L}^{\mathrm{T}}\boldsymbol{D}_w\boldsymbol{L}\boldsymbol{r}^t}{\boldsymbol{r}^t}\right)-\boldsymbol{L}^{\mathrm{T}}\boldsymbol{D}_w\boldsymbol{L}$是半正定的，因此$G(r,r^t)$是$F(r)$的辅助函数。这就证明了前面推导的式(5-7)和式(5-8)更新迭代规则是收敛的。

5.2.4 近邻相似性传播

如图5-1(c)所示，基于近邻关系的传播方法可以进一步对中间结果$\boldsymbol{C}'$进行修正并利用语义上更加相近的邻近样本对索引结果进行提高。这个过程主要包括两部分，即基于相似度的邻近样本定位和图传播方法。

1. 相似度度量

对原始概念探测结果通过全局调整GR方法进行修改之后，置信度值已经通过加权非负矩阵分解进行了优化，并使结果反映出来的概念模式与建模后的隐含特征相一致。尽管这个过程在全局对上下文模式进行了建模，相似度传播可以通过利用样本的局部相关性进一步对结果进行修改，如图5-1(c)所示。在这个过程中，为基于相似度传播提供更加相关的邻近样本显得至关重要，因此可以采用全局优化后的中间结果$\boldsymbol{C}'$以提供更精确的相似度度量。

为得到样本c_i和样本c_j的相似度量化，在中间结果$\boldsymbol{C}'$上通过计算Pearson相关性进行求解：

$$P_{i,j}=\frac{\sum_{k=1}^{M}(c'_{ik}-\bar{c}'_i)(c'_{jk}-\bar{c}'_j)}{\sqrt{\sum_{k=1}^{M}(c'_{ik}-\bar{c}'_i)^2}\sqrt{\sum_{k=1}^{M}(c'_{jk}-\bar{c}'_j)^2}} \tag{5-15}$$

其中，$c'_i=(c'_{ik})_{1\leqslant k\leqslant M}$是矩阵$\boldsymbol{C}'$的第$i$行，$\bar{c}'_i$是$c'_i$的均值。为归一化(Normalize)该相似度，采用高斯形式并重新计算相似度为

$$P'_{i,j}=\mathrm{e}^{-\frac{(1-P_{i,j})^2}{2\delta^2}} \tag{5-16}$$

其中，δ是对样本距离进行伸缩的函数。基于这种相似度度量，可以对任意的目标样本c_i的k个最近邻进行确定。

2. 图传播方法

为执行图传播方法，基于近邻的传播过程首先依据上面的相似度度量确定k个最邻近的样本用于传播，这些样本与目标样本通过无向的边构成一个无向图。在这个无向图中，每个边的权重由上面给出的Pearson相似度进行量化。根据构建的全连接的无向图，本章在研究中采用了文献[10]的传播算法，更加精准地对概念探测结果做出预测。在数学表示上，可以将上述构建的无向图表示为目标样本

c_i 与 k 个最近邻样本之间的相似度矩阵：

$$\boldsymbol{G}=(P'_{i,j})_{(k+1)\times(k+1)} \tag{5-17}$$

其中，矩阵 $\boldsymbol{G}$ 的前 k 行及前 k 列代表目标样本（即待增强样本 c_i）的 k 个最近邻样本，最后一行和最后一列代表目标样本 c_i。

通过对矩阵 $\boldsymbol{G}$ 进行列归一化处理，得到的传播概率矩阵 $\boldsymbol{T}$ 可以进一步构建为

$$t_{i,j}=\frac{P'_{i,j}}{\sum_{l=1}^{k+1}P'_{i,j}} \tag{5-18}$$

这种列归一化方法保证了矩阵 $\boldsymbol{T}$ 的每一列都具备概率解释。将目标样本 c_i 的 k 个最近邻样本在矩阵 $\boldsymbol{C}'$ 中的行索引表示为 $n_i(1\leqslant i\leqslant k)$，并将相应的行向量层叠在一起构成新的矩阵 $\boldsymbol{C}_n=(\boldsymbol{c}'_{n_1},\boldsymbol{c}'_{n_2},\cdots,\boldsymbol{c}'_{n_k},\boldsymbol{c}'_i)$，则可以通过下面的传播方法对矩阵 $\boldsymbol{C}_n$ 进行更新：

$$\boldsymbol{C}_n^t \leftarrow \boldsymbol{T}\boldsymbol{C}_n^{t-1} \tag{5-19}$$

其中，$\boldsymbol{C}$ 的前 k 行表示 $\boldsymbol{C}'$ 中的 k 个最邻近样本，并由下标 n_i 进行索引，最后一行对应于目标样本 c_i 的置信度向量。由于 $\boldsymbol{C}_n$ 是 $\boldsymbol{C}'$ 的一个子集，因此构建在 $\boldsymbol{C}_n$ 上的图 G 事实上是 $\boldsymbol{C}'$ 构建的全局图的一个子图，如图 5-1(c)所示。在每一次迭代过程中，$\boldsymbol{C}_n$ 中的向量 $\boldsymbol{C}'_{n_i}$ 需要锁定并改写为原值，以避免在迭代过程中出现衰退。进行一定数量的迭代之后，算法将收敛于某个新的结果，该结果中的最后一行为通过相似度传播进行局部增强后的结果 $\boldsymbol{C}_n$。通过这个过程，最近邻样本间的局部关系被用来进行更加全面的索引增强。

5.3　语义平滑的索引增强

5.3.1　算法形式化

按照 5.2.1 节对概念探测结果分解的过程，可以采用加权的 Frobenius 范数[11-12]区分不同概念探测结果对优化函数的影响。分解得到的隐含因子可以将不同的概念向量映射成语义单元的组合，从而概念间的上下文语义可以通过这种新的编码方式进行评估。如果在这个过程中用外部已知的概念相关性对分解进行约束，分解结果将可以更好地反映上下文信息从而使增强结果得到改善。与 5.2.1 节类似，定义未进行语义平滑的成本函数为

$$G(\boldsymbol{W},\boldsymbol{H})=\frac{1}{2}\sum_{ij}w_{ij}(c_{ij}-\boldsymbol{W}_{i.}\boldsymbol{H}_{.j})^2+\frac{\lambda}{2}(\|\boldsymbol{W}\|_F^2+\|\boldsymbol{H}\|_F^2) \tag{5-20}$$

其中，矩阵 $\boldsymbol{W}$ 和 $\boldsymbol{H}$ 的维度分别为 $N\times r$ 和 $r\times M$，其他变量的解释与式(5-1)一致。同样，对该问题的最小化求解，可以通过对成本函数的迭代优化，以逐步减小近似的误差。根据前面的解释，矩阵 $\boldsymbol{H}_{r\times M}$ 代表了 M 个概念对应的低秩隐含特征。因此，概念的相关性可以进一步由这种新的概念表示进行量化。同样，以加权的形式

定义平滑函数 S 以约束这样一个事实，即具有更高相关性的两个概念在空间距离上应该更加接近。在这样的假设下，S 可以由如下方式进行计算。

$$\begin{aligned} S(H) &= \frac{1}{2}\sum_{ij}\|\boldsymbol{H}_{\cdot i}-\boldsymbol{H}_{\cdot j}\|_F^2 \boldsymbol{Correl}(c_i,c_j) \\ &= \sum_{ij}\boldsymbol{H}_{\cdot i}^{\mathrm{T}}\boldsymbol{Correl}(c_i,c_j)\boldsymbol{H}_{\cdot i} - \sum_{ij}\boldsymbol{H}_{\cdot i}^{\mathrm{T}}\boldsymbol{Correl}(c_i,c_j)\boldsymbol{H}_{\cdot j} \\ &= \sum_{ij}\boldsymbol{H}_{\cdot i}^{\mathrm{T}}\boldsymbol{D}_{ii}\boldsymbol{H}_{\cdot i} - \sum_{ij}\boldsymbol{H}_{\cdot i}^{\mathrm{T}}\boldsymbol{Correl}(c_i,c_j)\boldsymbol{H}_{\cdot j} \\ &= \mathrm{tr}(\boldsymbol{H}(\boldsymbol{D}-\boldsymbol{Correl})\boldsymbol{H}^{\mathrm{T}}) = \mathrm{tr}(\boldsymbol{H}\boldsymbol{L}_{\boldsymbol{Correl}}\boldsymbol{H}^{\mathrm{T}}) \end{aligned} \tag{5-21}$$

其中，$\boldsymbol{Correl}$ 是概念相关性矩阵，它的每个元素 $\boldsymbol{Correl}(c_i,c_j)$ 代表两个概念 c_i 和 c_j 的相关性量化。$\boldsymbol{D}_{ii}=\sum_j \boldsymbol{Correl}(c_i,c_j)$ 构成了一个新的对角矩阵，且 $\boldsymbol{L}_{\boldsymbol{Correl}}=\boldsymbol{D}-\boldsymbol{Correl}$ 表示概念相关性矩阵 $\boldsymbol{Correl}$ 的拉普拉斯(Laplacian)矩阵。通过对上面定义的函数进行整合，可以得到经过语义平滑后的矩阵分解问题，即

$$\min_{\boldsymbol{W},\boldsymbol{H}} F(\boldsymbol{W},\boldsymbol{H}) = G(\boldsymbol{W},\boldsymbol{H}) + \frac{\beta}{2}S(\boldsymbol{H}) \quad \text{s.t. } \boldsymbol{W},\boldsymbol{H} \geqslant 0 \tag{5-22}$$

其中，非负标量 β 用于控制概念相关性在优化 $F(\boldsymbol{W},\boldsymbol{H})$ 过程中的影响力度。在该公式中 $G(\boldsymbol{W},\boldsymbol{H})$ 与 $S(\boldsymbol{H})$ 之间通过共享概念特征矩阵 $\boldsymbol{H}$ 进行互相约束，因此，分解后的结果将受到概念相关性矩阵 $\boldsymbol{Correl}$ 的影响并与其保持一致。在这种情况下，$\boldsymbol{Correl}$ 通过其拉普拉斯矩阵进一步影响到分解后的特征矩阵 $\boldsymbol{H}$。

由于该优化问题目前没有解析解，因此可以采用经典的梯度下降法，沿着梯度相反方向不断更新矩阵 $\boldsymbol{W}$ 和 $\boldsymbol{H}$，在迭代过程中逐渐寻找局部的优化结果。$S(\boldsymbol{H})$ 对 $\boldsymbol{H}$ 的梯度是 $\nabla_{\boldsymbol{H}}S(\boldsymbol{H})=2\boldsymbol{H}\boldsymbol{L}_{\boldsymbol{Correl}}$，因此，函数 F 对应于 $\boldsymbol{W}$ 和 $\boldsymbol{H}$ 的梯度可以量化计算为

$$\begin{aligned} \frac{\partial F}{\partial \boldsymbol{W}} &= [(\boldsymbol{W}\boldsymbol{H}-\boldsymbol{C}\circ\boldsymbol{W}]\boldsymbol{H}^{\mathrm{T}} + \lambda\boldsymbol{L} \\ \frac{\partial F}{\partial \boldsymbol{H}} &= \boldsymbol{W}^{\mathrm{T}}[(\boldsymbol{W}\boldsymbol{H}-\boldsymbol{C})\circ\boldsymbol{W}] + \beta\boldsymbol{H}\boldsymbol{L}_{\boldsymbol{Correl}} + \lambda\boldsymbol{H} \end{aligned} \tag{5-23}$$

其中，$\circ$ 表示 Hadamard 乘法。通过语义平滑求解得到的矩阵 $\boldsymbol{W}$ 和 $\boldsymbol{H}$ 也可以进一步应用到 5.2.4 节的传播方法中，以对求解的中间结果进行进一步的语义增强，如本章文献[11]详细介绍的方法。

5.3.2 概念相关性的外部推理

在一些上下文特征显著的应用领域，如可穿戴式行为感知过程中，概念在单个事件(或行为)主题中具有更强的上下文关联性。概念往往在表示事件语义中扮演不同的角色，并且其中某些概念之间会依据其上下文关系进行交互。这就意味着，如果将概念投射到一个向量空间中，概念向量之间由于本身存在的关联性导致它们之间相互依赖，而这种关联性可以间接地通过事件的主题衔接起来。如图 4-3

所示，事件的语义空间可以定义为由一组概念作为基构成的线性空间。从图 4-3 可以看出，由于一些概念在描述同一个事件过程中存在高度关联性，本章提出通过事件主题关联(Topic-related)方法推理概念之间的相关性。

为合理量化上面描述的概念间相关性，本章采用了第 4 章中事件主题相关的用户实验的结果。在实验中参与者对他们认为与特定事件主题关联的概念进行建议，最终依据所有参与者的输入统计得到概念的相关性。

所提出的计算方法基于这样一种假设，即如果更多的人认为一对概念同时与一个给定的行为类型相关，那么就意味着这对概念之间有很强的相关性。通过遍历所有的目标行为类别，并对这种相关性累计求和，这种综合后的相关性值可以得到量化。为此，一对概念 c_i 和 c_j 的相关性值可以表示为

$$\boldsymbol{Correl}(c_i, c_j) = \frac{\sum_{\text{act} \in A} \min(v_{\text{act}}(c_i), v_{\text{act}}(c_j))}{\sum_{\text{act} \in A} v_{\text{act}}(c_i) \times \sum_{\text{act} \in A} v_{\text{act}}(c_i)}, \quad i \neq j \tag{5-24}$$

其中，A 表示在用户实验中进行调查的所有行为类型的全集。$v_{\text{act}}(c_i)$是概念 c_i 在特定的行为类型 act 上获得的投票总数，$\min(v_{\text{act}}(c_i), v_{\text{act}}(c_j))$反映了一对概念在行为类型 act 同时获得投票的个数，即投票的重叠情况。由于这种重叠的投票结果反映了多个实验参与者对特定行为上下文中两个概念相关性强弱的评估，两个概念的相关性在所有行为事件的重叠投票总数高时应该更强。$\sum_{\text{act} \in A} v_{\text{act}}(c_i)$ 和 $\sum_{\text{act} \in A} v_{\text{act}}(c_j)$ 表示两个概念 c_i 和 c_j 在所有行为类型中各自获得的投票总数，并用于对相关性值进行归一化处理。

5.4　实验及结果讨论

在实验中，对训练无关的索引增强算法在两种不同的数据集上进行了验证：数据集一(Dataset1)是由可穿戴式视觉传感器所收集的一系列静态图像；数据集二(Dataset2)是 TRECVid 2006 国际评测中使用的视频数据集。实验中采用了 AP(Average Precision)和 MAP(Mean Average Precision)用于对比手工标注的真实结果进行客观评估。

5.4.1　在数据集一上的评估结果

在这个评估过程中，本章对提出的算法采用与本章文献[4]相同的数据集进行评估。该数据集包含由 4 位真实用户用可穿戴式相机采集的 12248 幅图像，并采用 85 个日常生活中出现的视觉概念对数据集进行标注。为测试在不同概念探测精度下的算法表现，本章采用了本章文献[13]中的蒙特卡洛(Monte Carlo)方法对概念探测器进行仿真。在仿真过程中，概念探测器的结果精度基于手工对概念是

否出现的标注结果，通过调整模型参数进行控制。这些参数包括正类(即概念出现)分布的均值 μ_1 和标准差 σ_1，以及负类(即概念不出现)分布的均值 μ_0 和标准差 σ_0。原始概念探测器的精度可以通过调整单个概念探测器对应的正类及负类的均值和标准差，进而调整两个概率密度曲线之间的交叉(混淆)区域进行控制。在仿真过程中，我们固定了两个标准差参数和负类的均值，并控制正类的均值 μ_1 在[1.0,5.0]变化。原始的概念探测精度结果和 MAP 度量由图 5-2 所示(标识为 Original)，即在应用索引增强之前的结果。由于 μ_1 的增加减小了两类分布间交叉区域的面积，因此，原始的概念探测精度在 μ_1 增加的过程中也对应得到了提高，如图 5-2 所示。

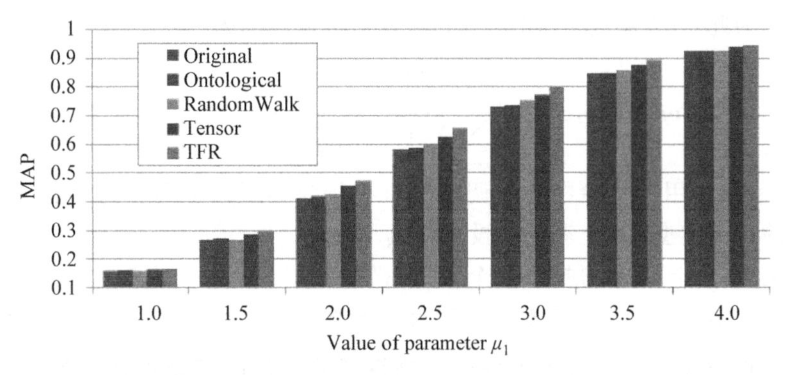

彩图 5-2

图 5-2 在可穿戴式传感数据集上多种方法的 MAP 结果对比(20 次运行的平均结果)

注：TFR 为训练无关增强方法，Ontological 为本体增强方法，Random Walk 为随机游走方法，Tensor 为基于张量的增强方法，Original 为原始概念探测。

图 5-2 进行了训练无关的概念探测增强算法和其他多种方法的对比，其中包括本体增强方法[14]、随机游走方法[15]，以及用于可穿戴式视觉传感的基于张量的增强方法[4]。在本体增强方法中，首先构建了包含 85 个概念的本体结构，概念间通过包含关系(Subsumption)和互斥关系(Disjointness)进行连接，对该概念本体的结构将在 6.1.1 节详细介绍。

作为基线方法之一的本体增强方法，其实现过程必须首先利用概念本体结构在进行增强前学习识别精度和多概念置信度的数值关系，因此，我们随机选取一半数据用于学习训练，而保留另一半数据用于实验评估。实验使用 S 函数(Sigmoid)用于对分类精度和多类边缘的相关性进行拟合学习。同样的概念本体结构也用于本章介绍的训练无关增强算法。需要说明的是，本体结构并不是训练无关增强算法必需的外部输入，在 5.4.2 节将会指出，训练无关增强算法同样可以在没有本体输入和训练过程的情况下，取得与其他方法相当的结果。为公平比较，随机游走方法同样采用不经过训练的方式进行，这也意味着概念相关性同样通过阈值化之后的伪正样本(Pseudo-Positive)统计得到。由此得到的概念连接图中，每个边的权重表示概念同时出现所表现出的相似性。随机游走方法通过生成的概念连接图对原始的概念探测结果置信度值进行传播，从而实现了对索引结果的调整和增强。在基于张量的增强方法中，使用了张量对事件分割和概念探测的结果进行形式化，从而保留了每个事件的时间特征。本章文献[16]在该张量上应用了加权的分解方法，并根据概念的出现模式对概念探测的置信度结果进行重新估计。在训练无关的索引增强算法中，实验中经验地选取隐含特征数量为 $d=10$，对概念探测结果进行筛选的阈值为0.3。式(5-2)中的融合参数取值为 $\alpha=0.5$，即简单设置两个矩阵具有相同的重要性。实验在传播过程中采用30个最邻近的样本，即 $k=30$。

从图5-2可以看出，训练无关的增强方法在不同概念探测精度，即MAP为 $0.15@\mu_1=1.0$ 到 $0.92@\mu_1=4.0$ 的条件下，相对于其他方法都有较好的表现。在 $\mu_1=1.0$ 时，所有的增强方法的作用都不很显著，这是因为原始概念探测的结果精度太低。在这种情况下，很少有较准确的探测结果会被筛选出来用于后续的增强，这在真实应用中是极少发生的，且这种极低的原始概念探测精度也与本章最初的可靠性假设(见5.1节)是相悖的。在原始的概念探测精度很高的情况下，例如图5-2中 $\mu_1\geqslant4.0$ 时，对探测精度进行提高的空间也会比较小，从而在 $\mu_1\geqslant4.0$ 时对于所有的索引增强算法得到的提高幅度都不是特别突出。虽然如此，训练无关的增强方法在上述两种极端情况下仍然取得了最好的索引效果。

表5-1 不同语义增强算法的最佳综合表现

方法	最高提高幅度	提高概念的数量	原始概念探测水平
Onto	3.2%	30	$\mu_1=1.5$
RW	3.9%	56	$\mu_1=2.5$
Ten	10.6%	80	$\mu_1=2.0$
TFR	14.6%	80	$\mu_1=2.0$

注：缩写Onto、RW、Ten和TFR分别代表本体增强方法、随机游走方法、基于张量的增强方法和训练无关增强方法。

表5-1中列举了不同方法各自的最佳综合增强结果，其中对应的原始概念探测精度水平由值进行反映。正如表5-1中所示，训练无关的增强方法大大超过了其他方法，并且最高的综合MAP提高幅度高达14.6%。需要指出的是，基于张量的增强方法使用了图像序列的时间上下文模式，但是被训练无关的增强方法超越。表5-1通过从对单个概念进行增强前后的AP变化进行统计，还列举了精度得到提高的概念的数量。训练无关的增强方法可以提高整个概念集合中的大部分概念(85个概念中的80个)。由于本体模型中仅包含了固定的词汇个数，这就约束了在基于本体的方法中只有有限数量的概念可以得到增强(只有30个概念可以得到改善)。然而，这并没有限制训练无关的增强方法充分利用不同的语义，其中包括本体语义。

5.4.2 在数据集二上的评估结果

本章实验同样在广播电视新闻视频领域进行，以验证训练无关的索引增强算法在 TRECVid 2006 视频数据集[17-18]上的泛化能力。数据集二包含 80 小时的广播电视新闻视频，这些视频已经被分割成 79484 个视频镜头。作为一项多概念探测任务，在 TRECVid 2006 活动中该数据集已经被包含 374 个 LSCOM[19]概念的词汇全部索引。其中，TRECVid 官方选取了 20 个概念用于根据真实标注结果对自动索引的结果进行评估。

实验采用 VIREO-374 发布的概念索引结果作为基线(Baseline)方法进行对比，该方法通过对 374 个 LSCOM 概念构建支持向量机(Support Vector Machine, SVM)分类模型进行自动概念的索引[20]。训练无关的索引增强算法同样和域适应语义扩散(Domain Adaptive Semantic Diffusion，DASD)方法[17]在同样的 20 个评估概念上进行了对比，对比采用 TRECVid 官方评估指标 AP@2000 进行量化，结果如图 5-3 所示。

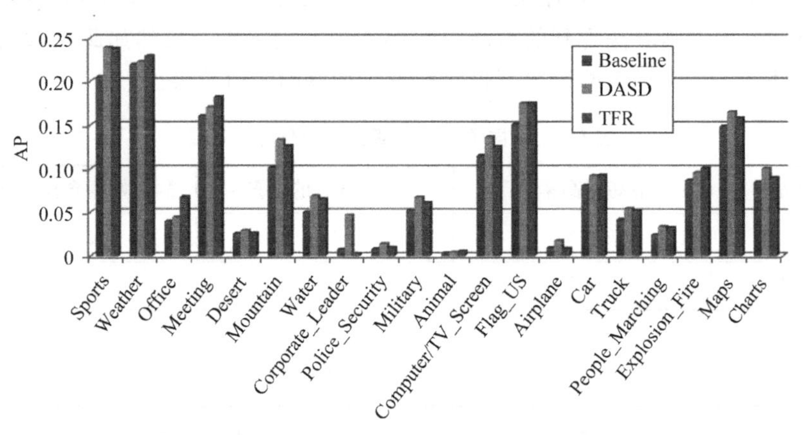

彩图 5-3

图 5-3 在 TRECVid 2006 数据集上对单个概念 AP@2000 指标比较

在该部分的实验比较中，训练无关索引增强算法的执行并没有使用概念本体结构。实验中直接采用了和数据集一完全一样的参数设置，从而省略了参数的优化过程。如图 5-3 所示，在数据集二上即使采用了和数据集一相同的参数值(如 d、α 等)，得到的实验结果同样令人满意，这说明这些参数的设置与具体的数据集是不相关的。类似于 DASD 方法，训练无关索引增强算法相对于基线方法获得了一致的增强效果。在所有的 20 个评估概念中，只有 Corporate_Leader 的索引效果相对于基线方法被训练无关索引增强算法进行了削弱。这是由于 Corporate_Leader 概念在全部的 79484 个样本中只有 22 个正样本，这就使得从这样有限的样本中获得准确的上下文模式极其困难。在所有其他 19 个概念中，训练无关索引增强算法和 DASD 方法在运行效果上基本相当。有趣的是，根据实验评估，训练无关索引增强算法的实施并不需要大量的正样本即可获得足够好的效果。在数据集二中，正样本的数量从 150 个到 1556 个不等，且有 10 个概念即 50% 的概念仅有不到 300 个正样本。即使这样，所提出的算法仍然获得不错的执行效果。需要说明的是，DASD 方法仍然是基于训练的增强方法，该方法的实施需要首先从 TRECVid 2005 数据集中通过学习得到概念的语义关系图。然而本章提出的训练无关的增强算法不需要任何的训练数据或先验知识作为必要的输入。

5.4.3 不同语义在算法中的作用

图 5-4 以数据集一为例展示了语义索引增强中不同语义的作用，其中原始概念探测结果的精度水平控制范围为[1.0，3.0]。图 5-4 中的 Global 即全局增强效果由本体加权方法生成的中间结果 $\boldsymbol{C}'$ 进行评估得到。Neighbor 即近邻传播结果采用原始概念探测结果 $\boldsymbol{C}$ 作为输入并采用基于近邻的相似度传播方法得到。尽管对全局上下文语义和近邻局部关系语义的利用都可以对原始索引结果进行增强，训练无关的索引增强算法 TFR 通过对两种方法的结合获得了更加显著的增强效果。总的来说，由近邻关系获得的增强更能适应数据集本身，因此增强效果要更优于利用全局模式得到的增强效果。这种情况在原始索引精度足够高的情况下尤其明显，在这样的情况下获得的最邻近样本更加可靠，因此更加利于使用相似度传播方法对目标样本进行改善。更进一步，通过采用全局增强后的结果 $\boldsymbol{C}'$ 计算样本间相似度，由此进行的训练无关增强算法的效果得到了进一步提高。这是由于在原始索引结果中本来精度较低的探测结果可以首先通过全局调整进行改善，因而减小了由精度过低带来的对基于近邻传播方法的干扰。

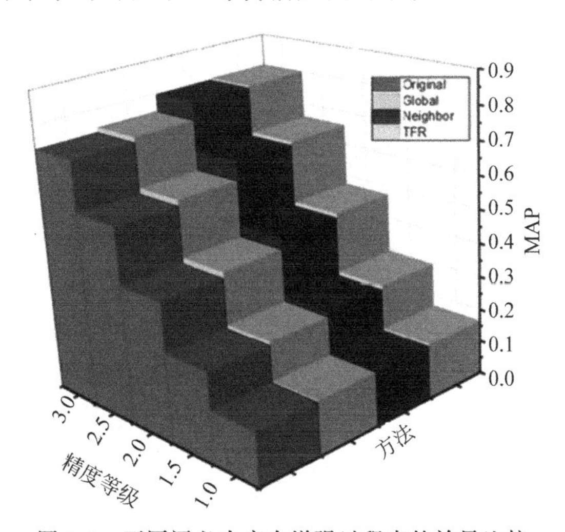

彩图 5-4

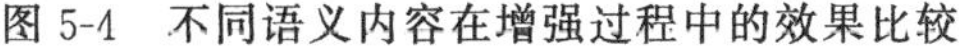
图 5-4 不同语义内容在增强过程中的效果比较

TFR 通过将多种语义集成在一个框架中取得了最佳效果(数据集一上)。

正如在前面5.2.1节的介绍，通过对原始探测的置信度值进行阈值筛选，可以选择更加可靠的探测结果对低精度的探测进行改善。从而阈值的设置事实上决定了从原始结果 $\boldsymbol{C}$ 中选择出可靠元素的个数，这些元素进而用于进行基于上下文语义的增强。筛选出的可靠元素的数量（由 $\boldsymbol{C}$ 中阈值化之后的矩阵密度（Density）表示）和阈值（由变量 thres 表示）的相关性如表5-2所示。在表5-2中，获得的精度提高幅度通过采用中间结果 $\boldsymbol{C}'$ 进行评估得到。从表中可以看出，随着阈值的增加，矩阵的密度逐渐降低，这是由于在更高阈值的情况下，有更少的元素可以被筛选出来用于进行结果的调整。

表5-2 可靠的探测结果对 C' 精度影响（数据集一）

阈值	$\mu_1=1.0$		$\mu_1=2.0$		$\mu_1=3.0$	
	矩阵密度	提高幅度	矩阵密度	提高幅度	矩阵密度	提高幅度
0.2	17.3%	1.4%	9.6%	2.7%	7.7%	1.5%
0.3	10.4%	1.4%	7.3%	3.1%	6.8%	1.7%
0.4	6.5%	1.0%	5.8%	3.2%	6.1%	1.8%
0.5	4.1%	0.6%	4.7%	3.1%	5.7%	1.9%

然而，在一个给定的原始探测精度水平上（固定的 μ_1），精度的提高幅度首先向上攀升，接着随着阈值的增加逐渐降低。这是因为过高/过低的阈值化规则导致选取了不足/不准确的探测结果，这些情况对概念探测精度的调整来说都是不够可靠的。这也再次验证了在5.1节提出的概念探测可靠性假设。对不同的 μ_1 取值，最佳的算法结果往往出现在阈值为[0.3,0.5]的范围内。如表5-2所示，如果原始的概念探测结果提高了（较大的 μ_1 值），可以相应地赋予较高的筛选阈值以提高整体增强效果。这是因为在原始探测结果精度更高时，增加阈值可以减少错误筛选出的概念探测结果，这些筛选出的结果在整个算法中被认为是足够可靠的。

所选择的隐含特征对算法效果的影响如图5-5所示。在图中对 μ_1 取值为1、2、3以及不同的 d 值在中间结果 $\boldsymbol{C}'$ 上均采用MAP指标进行了评估。当原始概念探测结果不够好时，选择较少的隐含特征可以获得更好的精度提高效果。这从图5-5中在 μ_1 为1和2分别在 d 等于8和20上出现的曲线峰值可以看出。当 d 值继续增加时，算法执行效果降低并收敛于较稳定的值。在原始概念探测精度更高（如 $\mu_1=3$）时，算法的执行结果更加稳定。在这种情况下，算法效果持续上升，并且在选取大约40个隐含特征时基本趋于收敛。采用较小的隐含特征数量 d 用于语义增强，同样验证了原始概念空间可以通过低秩的空间进行重构的假设，正如5.1节所介绍的。

在实验中，本体加权算法也应用于基于加权非负矩阵分解的全局增强方法中，用于充分利用本体语义的作用。在这部分实验中，直接采用了5.4.1节描述的概

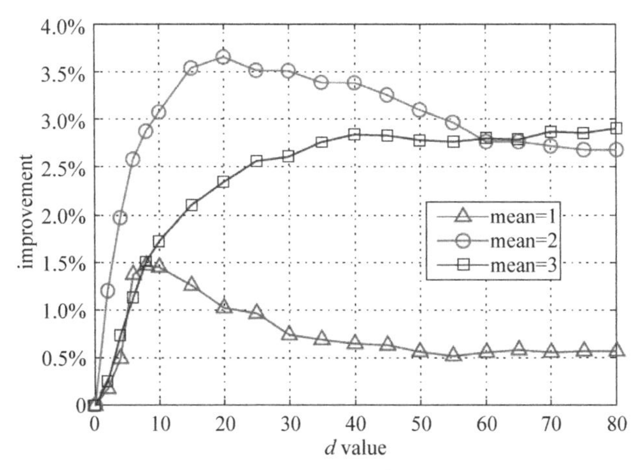

彩图 5-5

图 5-5　隐含特征数量对中间结果 $\boldsymbol{C}'$ 的精度影响(数据集一)

念本体结构，并利用该结构选择权重矩阵 $\boldsymbol{W}$ 中的元素值，以避免由设置相同权重而引入的不足。图 5-6 显示了采用本体加权策略与采用相同权重策略后得到的效果对比。从图中可以看出，本体加权策略能够显著地优于相同权值策略，这表明概念本体如果有效集成到概念自动索引任务中可以表现出较大价值。将本体结构和加权非负矩阵分解，二者相结合不但获得了较好的索引结果，而且克服了单纯使用加权非负矩阵分解时在较小 μ_1 值时(原始概念探测精度低)增强幅度低的缺陷。根据实验结果，将加权非负矩阵分解和本体权重策略相结合，可以在不同的概念探测精度情况下，尤其是 μ_1 值较小时，都要优于单纯的加权非负矩阵分解。

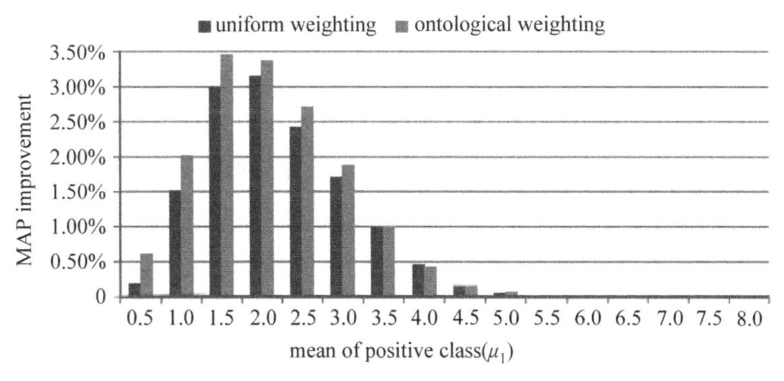

彩图 5-6

图 5-6　采用本体加权策略后索引精度的改善

综合上面的实验结果可以看出，本章提出的训练无关的索引增强算法具有诸多优势。第一，该方法的数据有效性较高，并且易于实施。本方法即使在没有任何先验知识(如本体结构)或者从额外训练数据中学习得到分布的情况下，都能获得显著的增强效果。第二，该方法能够对大部分概念的探测精度进行提高。如果能够与本体加权策略结合，该方法能够获得更高的增强效果。第三，算法唯一的输入是原始的概念探测结果，并且独立于特定的概念探测器的实现，由此带来的优势是对不同应用领域的独立性。

5.4.4　算法效率分析

在式(5-7)或式(5-8)的每一次迭代过程中，计算复杂度只与矩阵 $\boldsymbol{C}$ 的维度和选择的低秩数量 d 有关。对于 iter 个迭代收敛次数来说，总的运行时间复杂度为 $O(\text{iter}\cdot NMd^2)$。因此，训练无关的索引增强算法的复杂度与概念词汇数量线性相关。算法可以轻易地扩展到更大规模的概念词汇，相比多标签训练方法的复杂度为概念个数的二次方，本章提出的算法具有更大的优势。

由于 $d\leqslant\min\{N,M\}$ 且概念数量 M 通常远远小于样本集合的容量 N，上述的计算复杂度可以简化为 $O(\text{iter}\cdot N)$。在本章实验中，对矩阵 $\boldsymbol{L}$ 和 $\boldsymbol{R}$ 的更新，仅仅需要花费几百次迭代即可获得满意的矩阵近似结果。因此，在数据集一的实验中可以设定迭代次数 iter=1000，这种设置在普通的桌面计算机上对矩阵分解的时间花费仅仅需要消耗大约 30s。

类似地，对于一个目标样本进行图传播的计算复杂度可以表示为 $O(\text{iter}\cdot kMk^2)$。由于在实际执行过程中较小的近邻个数 k 值即可满足需要，因此，整个基于近邻的方法复杂度为 $O(\text{iter}\cdot N)$，这表明提出的训练无关的增强算法可以方便地扩展到更大规模的样本数据集。

5.4.5　引入语义平滑约束

这部分实验在数据集一上对语义平滑的增强算法(Semantically Smoothed Refinement，SSR)进行验证，结果如表 5-3 所示。表 5-3 中同样对比了前面介绍的多种索引增强算法，如本体增强、基于随机游走的方法、基于张量的方法、域适应语义扩散方法，以及前面没有应用语义平滑的训练无关增强算法。我们应用与 5.4.1 节相同的 85 个概念以及由包含关系和互斥关系构成的概念本体结构，并将其应用于本体增强方法。我们参考了本章文献[21]中的做法，同样以训练无关的方式执行语义平滑的增强算法，即在语义平滑分解之后，应用基于近邻的传播方法进一步调整精度。更具体地，在分解后获得的中间结果上应用传播方法，以进一步根据和目标样本连接的邻近样本对结果做进一步的优化。在 DASD 方法中，由 5.3.2 节获得的概念相关性矩阵 ***Correl*** 被用来作为扩散过程中的语义图谱。在这部分实验中，我们采用与前面训练无关增强算法实验过程中完全相同的参数设置。选择隐含特征的数量为 10，并且对原始概念探测结果通过阈值 thres=0.3 进行筛选。式(5-2)中的融合参数同样设置为 $\alpha=0.5$，即设置两个融合矩阵具有相同的重要性。我们同样使用 30 个最邻近样本用于实施传播算法。

表 5-3　多种方法的 MAP 结果对比

方法	$\mu_1=1.0$	$\mu_1=1.5$	$\mu_1=2.0$	$\mu_1=2.5$	$\mu_1=3.0$	$\mu_1=3.5$	$\mu_1=4.0$
Onto	0.159	0.273	0.421	0.586	0.735	0.850	0.926
RW	0.156	0.267	0.426	0.603	0.752	0.857	0.924
Tens	0.164	0.287	0.456	0.624	0.774	0.877	0.941
TFR	0.165	0.295	0.477	0.658	0.800	0.893	0.947
DASD	0.176	0.300	0.454	0.602	0.719	0.805	0.869
SSR	0.168	0.302	0.480	0.662	0.802	0.893	0.944

从表 5-3 中可以看出，语义平滑的增强算法在大部分的原始概念探测精度情况下都优于其他算法。在 $\mu_1=1.0$ 时，DASD 的表现要优于语义平滑的增强算法。这是由于原始的探测精度太低，在这种情况下，仅有少数正确的探测结果可能被阈值化筛选出来用于进行后续的增强，这在实际情况下是不现实的。尽管 DASD 在 $\mu_1=1.0$ 时表现出色，它在 $\mu_1\geqslant2.0$ 被训练无关的增强算法(TFR)和语义平滑增强(SSR)胜出。可能的原因是概念相关性图谱 ***Correl*** 是从用户实验中获得的，而不是从训练数据集统计获得。相对于数据驱动的准确性特点，这种知识驱动的相关性图谱仅仅反映了概念同时出现的趋势，因此，在 DASD 方法中进行准确结合显得更加困难。当原始概念探测精度较低时(如 $\mu_1=1.0$)，DASD 对语义图谱 ***Correl*** 的过拟合能够增强整体结果，但是很难泛化到更一般的情况，如其他概念探测精度。然而，语义平滑增强算法可以适应于不同精度水平的概念探测，并能够充分应用外部知识图谱 ***Correl***。相对于训练无关增强算法，语义平滑方法虽然结合了松散构建的概念图谱，但是仍然在大部分情况下获得了更加满意的效果。这表明了语义平滑的增强方法在引入平滑约束后具有更大的潜力，使日常概念探测精度得以提高。需要强调的是，本章在算法中灵活采用了一个并没有进行特别准确构建的概念相关性图谱，并且用于语义平滑。如果该相关性图谱可以从数据标注结果中更加准确地获得，采用语义平滑增强方法将更具潜力。

为进一步分析概念相关性在索引增强中的作用，我们通过改变参数 β 以控制概念相关性在最终优化函数中的影响，并且对比了语义平滑的方法和没有经过语义平滑的方法(即 $\beta=0$)的增强效果。从式(5-22)可以看出，语义平滑的增强方法(SSR)实质上在 $\beta=0$ 的情况下退化为前面介绍的训练无关的增强方法(TFR)。图 5-7(a)和图 5-7(b)展示了在原始概念探测精度为 $\mu_1=2.0$ 时，分别在有/无近邻传播方法时的对比结果。在图 5-7(a)中，虚线表示直接优化无语义平滑约束的函数 $G(\boldsymbol{W},\boldsymbol{H})$，得到中间结果 $\boldsymbol{C}'$ 后在 $\boldsymbol{C}'$ 上进行直接评估后的结果。从图中可以看出，从平滑后的函数 $F(\boldsymbol{W},\boldsymbol{H})$ 获得的结果在大范围的 β 取值上都超过了 $G(\boldsymbol{W},$

H)。随着 β 的增加,使用 $F(\boldsymbol{W},\boldsymbol{H})$ 函数的增强效果首先上升,然后在较大 β 的情况下开始下降。较大的 β 值也意味着在优化函数中概念的相关性主导了整个优化分解过程。这在一定程度上可以解释 DASD 方法的过拟合现象,这是因为 DASD 方法中在概念图谱上定义的成本函数[17]非常类似于这里的 $G(\boldsymbol{W},\boldsymbol{H})$。当进一步在矩阵 $\boldsymbol{C}'$ 上应用近邻传播方法时,经过语义平滑和未经过语义平滑的方法都可以得到效果提升,如图 5-7(b)所示。和图 5-7(a)类似,语义平滑之后的增强效果仍然在大部分情况下超过训练无关的增强方法,这表明语义平滑约束即使在应用近邻传播之后也具有明显优势。

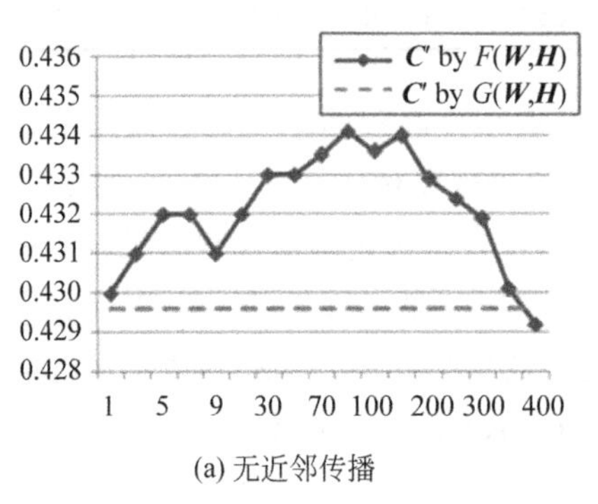

(a) 无近邻传播

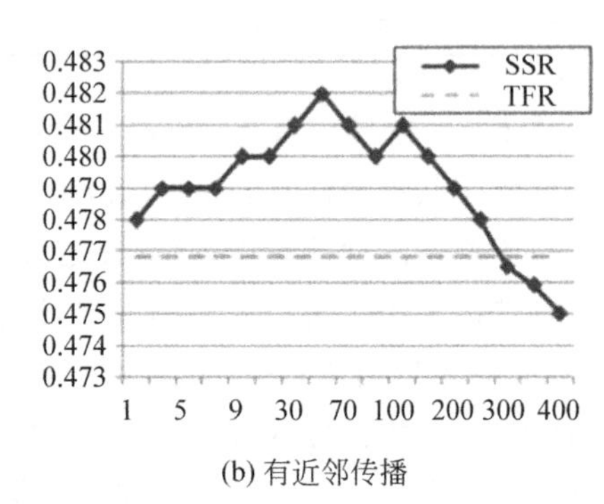

(b) 有近邻传播

彩图 5-7

图 5-7 概念相关性的效果($\mu_1=2.0$)

5.5 本章小结

本章针对日常行为感知中多概念语义增强方法提出了解决方案。相对当前大多数方法需要依赖于高质量的标注数据集获得概念相关性关系,本章提出了训练无关的概念索引增强算法。该算法充分利用概念探测结果中较为可靠的元素,并且应用全局上下文模式、本体语义和局部邻近样本相似度等多种语义对概念探测精度进行提高。本章还在训练无关的概念索引增强算法基础上,通过主题相关的概念相关性分析实验,进一步提出了语义平滑约束算法。尽管这些算法省略了从数据集中对相关性学习的过程,实验仍然验证了这些算法在概念索引增强方面的有效性。

参考文献

[1] Smeaton A F, Over P, Kraaij W. High level feature detection from video in TRECVid: a 5-year retrospective of achievements[M]. Divakaran A. Multimedia Content Analysis: Theory and Applications.[S.l.]: Springer US, 2009: 151-174.

[2] Snoek C G M, Worring M. Concept-based video retrieval[J]. Foundations and Trends in

Information Retrieval,2008,2(4): 215-322.

[3] Kennedy L S,Chang S F. A reranking approach for context-based concept fusion in video indexing and retrieval: Proceedings of the 6th ACM International Conference on Image and Video Retrieval[C]. New York: ACM,2007.

[4] Wang P,Smeaton A F,Gurrin C. Factorizing time-aware multi-way tensors for enhancing semantic wearable sensing: Proceedings of the International Conference on Multimedia Modeling[C]. Cham: Springer,2015.

[5] Lee D D,Seung H S. Algorithms for non-negative matrix factorization: Proceedings of the 13th International Conference on Neural Information Processing Systems[C]. Cambridge: MIT Press,2000.

[6] Zha Z J, Mei T, Zheng Y T, et al. A comprehensiverepresentation scheme for video semantic ontology and its applications in semantic concept detection[J]. Neurocomputing, 2012,95: 29-39.

[7] Li B,Goh K,Chang E Y. Confidence-based dynamic ensemble for image annotation and semantics discovery: Proceedings of the 11th Annual ACM International Conference on Multimedia[C]. New York: ACM,2003.

[8] Brickley D,Guha R V. RDF vocabulary description language 1.0: RDF Schema: W3C Recommendation[R/OL]. (2004-02-10)[2019-02-16]. https://www.w3.org/ TR/ 2004/ REC-rdf-schema-20040210/.

[9] Dean G S M. OWL Web ontology language reference: W3C Recommendation[R/OL]. (2004-02-10)[2019-02-16]. https://www.w3.org/TR/owl-ref/.

[10] Xu D,Cui P,Zhu W,et al. Find you from your friends: Graph-based residence location prediction for users in social media: Proceedings of the IEEE International Conference on Multimedia and Expo[C].[S.l.]: IEEE,2014.

[11] Wang P,Sun L,Yang S,et al. Towards training-free refinement for semantic indexing of visual media: Proceedings of the International Conference on Multimedia Modeling[C]. Cham: Springer,2016.

[12] Pan R,Zhou Y,Cao B,et al. One-class collaborative filtering: Proceedings of the 8th IEEE International Conference on Data Mining[C].[S.l.]: IEEE,2008.

[13] Aly R,Hiemstra D,Jong F,et al. Simulating the future of concept-based video retrieval under improved detector performance[J]. Multimedia Tools and Applications,2012,60: 203-231.

[14] Wu Y,Tseng B,Smith J. Ontology-based multi-classification learning for video concept detection: Proceedings of the IEEE International Conference on Multimedia & Expo[C]. [S.l.]: IEEE,2004.

[15] Wang C,Jing F,Zhang L,et al. Image annotation refinement using random walk with restarts: Proceedings of the 14th ACM International Conference on Multimedia[C]. New York: ACM,2006.

[16] Wang P,Sun L,Yang S,et al. Characterizingeveryday activities from visual lifelogs based

on enhancing concept representation[J]. Computer Vision and Image Understanding, 2016,148: 181-192.

[17] Jiang Y G, Dai Q, Wang J, et al. Fast semantic diffusion for large-scale context-based image and video annotation[J]. IEEE Transactions on Image Processing, 2012, 21(6): 3080-3091.

[18] Jiang Y G, Wang J, Chang S F, et al. Domain adaptive semantic diffusion for large scale context-based video annotation: Proceedings of the 12th IEEE International Conference on Computer Vision[C].[S.l.]: IEEE, 2009.

[19] Naphade M, Smith J R, Tesic J, et al. Large-scale concept ontology for multimedia[J]. IEEE Multimedia, 2006, 13(3): 86-91.

[20] Jiang Y G, Ngo C W, Yang J. Towards optimal bag-of-features for object categorization and semantic video retrieval: Proceedings of the 6th ACM International Conference on Image and Video Retrieval[C]. New York: ACM, 2007.

[21] Wang P, Sun L, Yang S, et al. Training-free indexing refinement for visual media via multi-semantics[J]. Neurocomputing, 2016, 236: 39-47.

[22] Jiang Y, Ngo C, Yang J. VIREO-374: Keypoint-based LSCOM semantic concept detectors [OL].[2020-10-12]. http://vireo.cs.cityu.edu.hk/research/ vireo374/.

第 6 章　基于外部知识的检索增强方法

从前面的介绍可以看出，在基于概念的检索中，概念本身的探测精度以及查询所采用的概念组合方式直接影响最终的查询效果。其中，概念探测的精度决定于从低层特征向高层特征映射的准确度。前面已经介绍，根据 TRECVid 国际标准评测[1]的结果，在具有足够标注数据用于训练的情况下，一些概念的探测精度已经达到比较令人满意的效果。这一点上，也可以从近几年研究人员在 ImageNet[2]竞赛结果中看出。另一方面，用户所期望的查询结果往往很难通过单一的概念来描述。例如，要查询“在朋友家里参加生日聚会”的任务需要通过“人”“蛋糕”“室内”等相关概念的组合来过滤得到最终的结果。这些概念查询的选择需要共同收敛到用户所要查询的语义内容上。在实际应用中，无论是概念的探测还是查询概念的选择，都离不开概念之间的语义关系，而外部知识的引入则给应用这些语义关系带来了机遇。本章将从概念探测和概念选择两个角度，探讨外部知识在提高检索效果过程中的应用。

6.1　语义多概念探测

在可穿戴式视觉生活记录中，连续被捕捉到的图像可能在视觉表现上有很大的差异，并且包含了很多的概念。在这一点上，采用可穿戴式感知设备获得的连续图像与传统的视频是不同的。在传统视频中，一个镜头中的连续的两帧在视觉上往往具有很高的相似度。可穿戴式视觉生活记录中概念的多样性也给概念探测精度和基于概念的检索带来了新的挑战。

概念探测的精度在多媒体信息检索解决方案中始终是一个重要的因素，它实现的是对低层特征向高层概念的映射。为解释可穿戴式生活记录单幅图片或者连续图片中蕴含的语义内容，需要精确的概念探测器从图像这一主要的信息来源中抽取出概念。这是由于图像往往比其他传感器数据蕴含了更多的语义。

由于在上层事件语义检索中需要用到概念探测的结果，因此概念探测的精度将直接影响后期事件语义探测的效果。虽然我们在研究中发现，概念探测精度的下降可以通过近似线性的趋势影响事件探测，即不会导致事件探测精度的急剧下降，如指数级下降（第 7 章和第 8 章将专门介绍），但是概念探测能力的改进对提高事件探测的精度有极大帮助。因此，一个目标是致力于纠正传统概念探测器忽略概念之间语义关系的弊端，从而赋予概念探测器语义关系，达到多概念精确探测的效果。

6.1.1 创建概念本体

传统机器学习的方法在概念探测的应用中做出了概念之间相互独立的假设，从而忽略了概念间的固有语义关系，而概念本体提供了一种有效建模概念语义的手段。如果概念本体中的概念语义关系能在概念探测中得到融合，概念探测的精度也会相应得到提高，才能在真正意义上赋予概念探测器语义。因此，如果将视觉概念构建为概念本体，那么使用自顶向下的方式应用本体中的概念关系来调整概念探测器的输出结果，可以使探测器的输出结果真实反映出概念的语义关系。

例如，作为一种概念探测算法，支持向量机(Support Vector Machine, SVM)[3]利用变换核(Kernel)将低层图像特征映射到一个高维空间，通过在空间中找到一个合适的超平面(Hyper Plane)作为高维空间中正负样本之间的满意分割。这个过程就是SVM的训练学习过程，由此产生的分类器将探测结果输出为置信度值，这个值事实上反映了测试样本与训练得到的超平面间的距离。当概念为真的置信度足够高时，可以自动标注图像出现了这个概念，否则认为概念在图像中出现的事实为假。应用这一类方法需满足一个前提，即假设一组概念是相互独立的，它们的重要性对整个图像语义而言具有相同的权重。这个假设忽略了概念之间固有的联系，从而产生了一组相互之间孤立的二值分类器，并没有充分利用概念本体的语义信息。这种做法不可避免地在进行概念探测过程中引入更多误探测和探测结果不一致的问题(如一幅图像同时探测出"室内"和"公路"两个概念)。

概念本体提供了建模概念语义的一种方法，如果这些建模后的语义能够在概念探测任务中得到有效融合，可以用于对单个分类器精度进行提高。本章介绍了一种简单有效的方法，用于构建可穿戴式生活记录概念词汇之间的语义，并将概念之间的这种关系以一种自顶向下的方式用于调整概念分类的输出结果，从而使探测得到的置信度值反映概念间的语义关系。本章后续部分还通过实例验证了这种语义增强下的多概念分类方法带来的增值效果。这种增强后的概念探测结果，可以进一步通过融合用于事件的分类和事件表示等其他任务。

基于本体多概念分类的出发点是通过利用本体结构中形式化了的概念语义，用于对可穿戴式生活记录中每个概念探测的置信度值结果进行修正，从而提高最终的探测精度。本章介绍的方法结合了概念本体以及本章文献[4]中提出的多概念处理方法，从而实现一种用于多概念的基于本体分类解决方案。整个方法过程主要包括：①每一概念类的预测结果由分类器返回得到，这时每一个概念都赋予了一个置信度值以表示图像包含某种概念的似然性；②考虑两个重要的概念关系，并在概念的本体结构中被形式化，分别为包含关系(Subsumption)和不相交关系(Disjointness)；③应用概念语义对概念预测的置信度进行调整以提高分类精度，这通过对探测性能与相关概念的置信度值之间的关联性进行学习，在得到调整因子之后可以针对性地对置信度进行修正。

本体结构的一部分可视化结果如图 6-1 和图 6-2 所示。图中的高层概念如“室内”和“室外”被进一步细化。在图 6-1 和图 6-2 中，每个概念表示为本体结构中的一个节点。包含关系在图中可视化为从超类概念指向子类概念的箭头。作为用于显式表示语义关系的标准语言，本体语言 OWL[5] 和 RDFS[6] 词汇在实验中用于形式化语义的建模。更多关于本体构建和语义描述的语法规则(如 OWL 和 RDFS 语言)可以参考第 9 章，在本实验部分我们直接使用它们的语义建模功能。

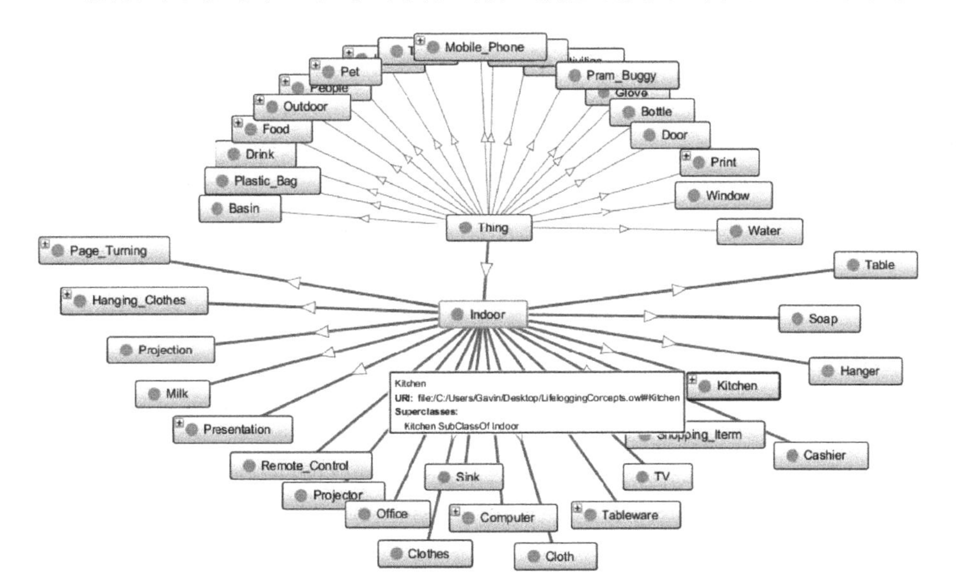

图 6-1　多概念词汇的本体结构(对“室内”概念进行详细展开)

彩图 6-1

关于本体的相关定义和构建语法、资源描述框架(Resource Description Framework，RDF)以及本体建模语言 OWL(Ontology Web Language)及 RDFS(RDF Schema)等内容在第 9 章都有详细介绍，这里仅就其中的两种语义关系——包含关系和不相交关系，讨论在概念探测中应用本体语义的基本思路。通过声明一个概念不能同时和另一个概念在同一图像中出现，owl:disjointWith 构造器互联了一组互斥的概念集合。例如在图 6-3 中，“室外”概念已经被标记为“室内”概念的一个互斥的概念。同时，所有的概念都源于同一个根节点并从根概念“Thing”派生而来。包含关系在本体构建过程中通过属性 rdfs:subClassOf 创建。

图 6-2 对部分概念本体进行了图形化的描述，并以概念“室外”为例进行展开。图 6-2 中本体的每个概念都表示为一个节点，概念之间的包含关系由从父类概念出发的箭头表示，并在子类概念终止。不相交关系在概念探测中可以解释为两个

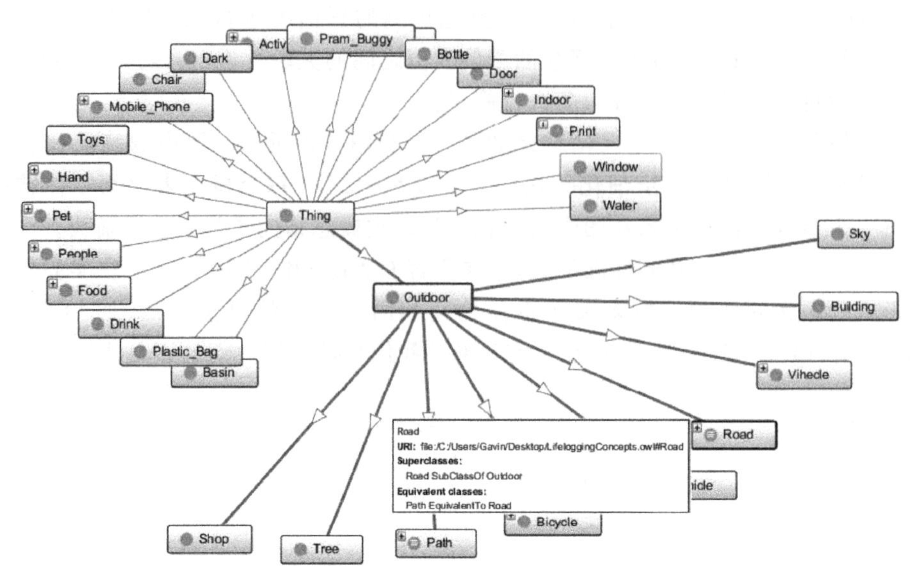

彩图 6-2

图 6-2　多概念词汇的本体结构(对“室外”概念进行详细展开)

```
<owl:Class rdf:ID="Indoor">
  <rdfs:subClassOf rdf:resource="#Thing"/>
  <owl:disjointWith rdf:resource="#Outdoor"/>
</owl:Class>
```

图 6-3　互斥概念形式化表述示例

互斥的概念,如“室内”和“室外”,不能同时出现在同一幅图像中。

通过标准化的形式进行建模,基于本体的概念探测可以在不同分类器中利用概念的关系,从而提高最终的精度。本体对概念分类的影响通过调整单个分类器的置信度值来完成。从字面来看,包含关系的影响可以充分利用概念节点的上位概念,而不相交关系的影响则考虑互不相交的概念之间的作用效果。图 6-1 和图 6-2中的上位节点即为其子孙节点的超类。这种层次结构不仅反映了概念的语义关系,而且在不同层级也会影响概念探测的性能。例如本章文献[7]中介绍,高层级的概念如“室内”“室外”等具有更好的概念探测性能。对于这一结果的一个重要原因是,位于本体结构较低层级的概念相对于更高层级的概念往往具有更少的正样本训练数据[8]。正如我们从本体结构中可以看到,仅仅有少量的概念具有子节点,大多数概念在树状结构中都是叶节点。然而,这些叶节点是更加具体的概念,从而其探测器比更加一般概念的精度普遍要低。对于不相交关系来说,具有不相交约束的概念不能在同一图像中出现。

6.1.2　基于本体的多概念探测优化

为将这两种语义关系应用于多概念探测，可以定义分类器中概念 c 在图像 x 中出现的置信度为 $\mathrm{Conf}(c|x)$，并定义概念 c 的不相交概念为 $\mathrm{DIS}(c)$，上级节点和子孙节点分别定义为 $\mathrm{ASC}(c)$ 和 $\mathrm{DES}(c)$。假设有 M 个单类分类器用于分别对 M 个概念进行探测，在没有应用这些分类器之间关系的情况下，判断每个概念是否在图像 x 中出现的方式是直接对 $\mathrm{Conf}(c|x)$ 进行二值化。对于一组不相交的概念，具有最大探测置信度值的概念通常被选择为最终的概念探测结果，即 $\underset{1\leqslant c\leqslant M}{\operatorname{argmax}}\,\mathrm{Conf}(c|x)$。

正如前面介绍，在词汇结构中的大部分概念都是叶节点概念。尽管这些具体概念的探测器相对于更加一般的概念通常具有较低的精度，但它们也有大量不相交的概念存在，这些不相交的概念可以是同一层级的，也可以是从其他层级间接导出得到的。这些信息都可以用于对自身的探测精度进行改进。为了在多概念探测中应用构建的本体结构，可以定义多类型边缘因子(Multi-Class Margin)[4,9]：

$$t_m = \mathrm{Conf}(c|x) - \max_{c_i \in D} \mathrm{Conf}(c|x) \tag{6-1}$$

其中，D 是概念 c 不相交概念的全集，且 $D \supseteq \mathrm{DIS}(c)$。事实上除了 $\mathrm{DIS}(c)$，D 还包括 $\mathrm{DIS}(c)$ 的所有子孙节点 $\mathrm{DES}(\mathrm{DIS}(c))$，以及 c 上级概念的不相交概念 $\mathrm{DIS}(\mathrm{ASC}(c))$，即与 c 不相交的概念的所有后代节点和 c 的上位节点的不相交概念。上述概念集 D 中除了 $\mathrm{DIS}(c)$ 在概念本体中显式地声明(使用 owl: disjointWith 属性)之外，其他概念作为蕴含的语义可以通过语义网技术提供的推理器(如 OWL 或 RDFS 推理等)获得。为推理得到上述部分概念，可以应用语义推理器，以通过逻辑推理的方式获得额外的不相交陈述。当前语义网技术已经提供了不同层次的推理器，如 RDFS 推理和 OWL 推理，以满足不同应用中对逻辑推理的需求。关于语义网推理器的介绍可以参考第 9 章。在本章的方法中，直接嵌入了推理器以利用显式的陈述，逻辑创建有效的但隐含的陈述。

图 6-4 针对概念“室内”的探测结果，绘制了正确探测和误探测的图像样本的分布，以反映使用原始分类器置信度和应用了概念间语义关系的多类型边缘分别对概念探测精度的影响。例如，“室内”“室外”“公路”“天空”等概念由标准的 SVM 分类器返回探测的置信度值。图 6-4 可视化了约一万个 SenseCam 图像探测的样本数据，这些数据用具有人工标注数据作为真实值。为“室内”概念计算多类型边缘所用到的不相交概念包括“公路”“天空”“树木”“建筑”“草地”和“室外”。在图 6-4 中，横轴代表分类器对概念“室内”探测的置信度值，纵轴代表对置信度进行修正得到的多类型边缘值。图中星号“ * ”表示每个误探测的图像样本，而用小圆圈“◦”表示正确进行了概念探测的图像样本。

从图 6-4 中不难看出，当探测器返回的置信度和多类型边缘值都比较高时，会有较少的误探测样本实例发生，在图上表现为右上角区域几乎没有星号出现。对

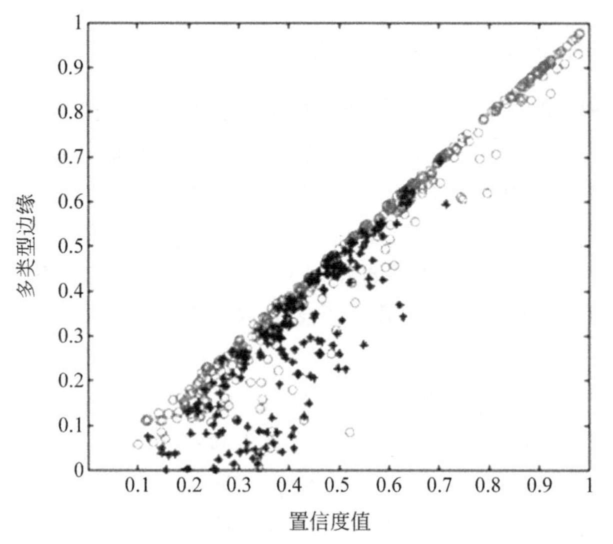

彩图 6-4

图 6-4 概念探测结果(以概念“室内”为例)

于大多数误探测的样本,多类型边缘都明显小于置信度值,并且大部分误探测都发生在多类型边缘值小于 0.6 的区域。从这一点上不难看出,在应用了多概念间语义关系之后,可以简单地通过多类型边缘在正确探测和误探测两类样本之间进行一个较好的划分,最终达到提高概念探测精度的目的。在本章文献[4]和[9]中,也表明了多类型边缘在进行样本分类中的有效性。因此,可以采用将多类型边缘作为分类准则,以提高分类的精度。

为表明多类型边缘如何提高概念探测精度,图 6-5 对概念探测精度与多类型边缘的对应关系进行了展示,用加号“+”表示。同时,为便于对比,探测精度与置信度的分布关系也在图 6-5 中得到绘制,并用小圆圈“◦”表示。相比于直接基于置信度的分类器,图 6-5 中探测精度与多类型边缘的相关性表现出明显的优势,这一点在“室内”和“室外”两个概念的探测上都可以看出。很容易发现,使用多类型边缘比原始的置信度值具有更高的精度,并且在两幅图中多类型边缘的曲线均较早地收敛到稳定区域。

通过对多类型边缘和概念探测精度的关系进行建模,可以对概念探测器的输出结果进行调整,具体的调整方法为

$$\mathrm{Conf}=\sqrt{\mathrm{Conf}(c\mid x)\times g(t_m)}$$

其中,g 为调整因子,可以通过对概念探测精度和多类型边缘的相关性拟合得到,这种相关性如图 6-5 所示。在图 6-5 中,采用 Sigmoid 函数拟合了精度与置信度/多类型边缘的分布。多类型边缘的曲线在图中位于原始置信度的曲线上方,获得了更好的概念探测性能。图 6-5 中采用的 Sigmoid 函数具有如下形式。

$$g(x)=A+\frac{B}{1+\exp(-Cx)} \tag{6-2}$$

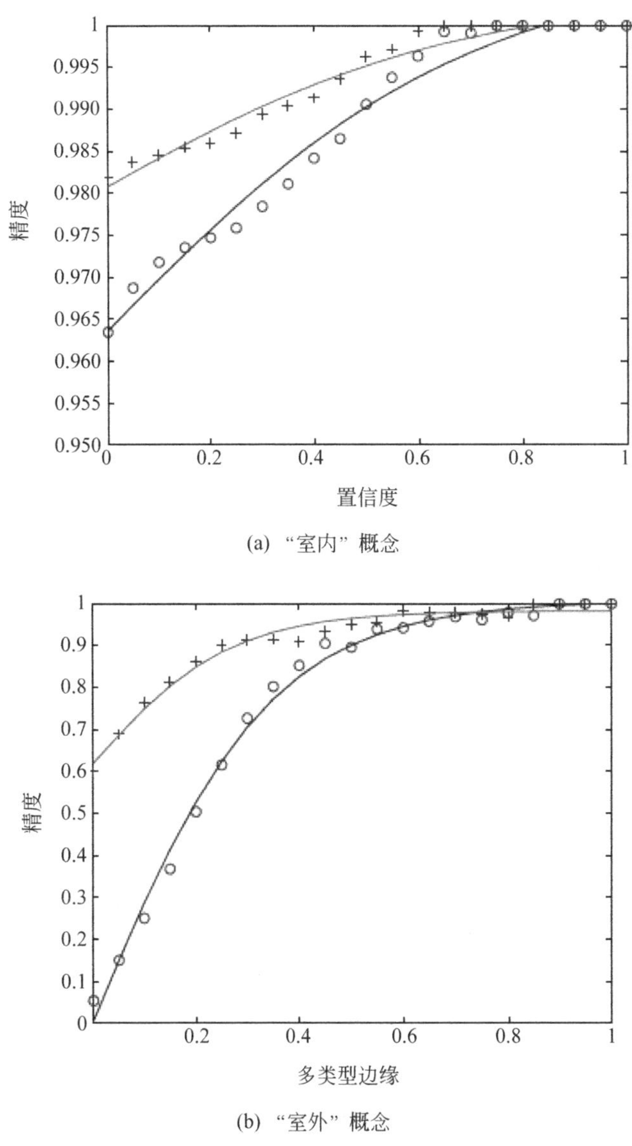

(a) “室内”概念

(b) “室外”概念

图 6-5　精度与置信度/多类型边缘的关系

基于本体多概念分类方法的细节如图 6-6 中的算法所示，该算法以 SVM 为基础分类器给出了具体实施流程。

6.2　基于语义密度的概念选择

在概念空间中，概念根据它们的语义分布可以进行聚类或划分。然而，由于缺乏在概念空间中量化和对概念实体在空间中进行定位的方法，故可以采用基于语

```
Input:
O: Concept ontology model built for lexicon
x_training : Instances for parameter learning
x_testing : Instances for confidence adjusting
Output:
Con f: Adjusted confidences for x_testing by O
Data:
L: Universal concept lexicon
c: Instance of concept
DIS (c): all disjoint concepts of c
Con f(c|x): Original confidence returned by SVM classifier
t_m: Multi-class margin
A, B, C: Parameters for sigmoid function
g(t_m): sigmoid function value of multi-class margin
begin
    O ← ReadOntology();                      //Read ontology into model
    O ← InferOntology(O);                    //Perform semantic inference on O
    for x ∈ x_training do
        for c ∈ L do
            Con f(c|x) ← SVMDetector(x,c);       //Confidence by SVM
        end
        for c ∈ L do
            DIS(c) ← QueryDisjoint(c,O);         //All disjoint of c
            t_m ← MultiClassMargin(x, DIS(c));
        end
    end
    Learn parameters A, B and C from calculated t_m ;
    for x ∈ x_testing do
        for c ∈ L do
            Con f(c|x) ← SVMDetector(x,c);       // Confidence by SVM
        end
        for c ∈ L do
            DIS(c) ← QueryDisjoint(c,O) ;        // All disjoint of c
            t_m ← MultiClassMargin(x, DIS(c));
            Calculate g(t_m) with learned parameters A, B and C;
            Conf ← sqrt(Conf(c|x) × g(t_m)) ;
        end
    end
end
```

图 6-6 基于本体多概念分类算法

义密度的概念空间推理方法，即采用本体结构对概念空间中的实体关系进行量化。本体是描述概念及概念之间关系的一种方法，通常用关系图的方法进行描述。在本体关系图中常常用节点表示概念，而用连接节点的边表示概念之间的关系。作为研究域知识的一部分，本体包含了概念集的大量语义，例如概念的层次关系、继承关系等。基于本体的相似度或相关性度量，可以通过最大化地利用本体结构或其他额外信息，对概念的相似性或关联关系进行量化。在量化之后的概念空间中，某些较为相似的概念集合组成了空间中的一个子空间，这些位于同一子空间中的概念，往往在同一事件语义中具有较高的出现概率。在语义空间中，采用这种基于概念语义关系进行推理的方法，即可选择与事件语义处于同一子空间中的概念作为最终概念选择的结果。

这里介绍的语义密度直接依赖于概念之间的距离。如果多个概念之间的距离比较小，则这些概念具有较高的密度。基于对语义距离的度量，概念可以被进行聚类以表示与这些概念相关的事件语义，而这些事件在可穿戴式生活记录中可以通过传感器捕捉到的多媒体数据进行表示。这种事件语义与概念语义之间的关系如图 6-7 所示。图中的每一个三角形表示一个特定的事件，而表示该事件的概念则以点来表示，并且出现在相应的事件中。在这种与事件相关的概念选择中，可以将该研究问题转换为分析概念间相似度的问题。这个过程可以通过文本预处理、词相似度计算以及短语相似度计算来组合实现。

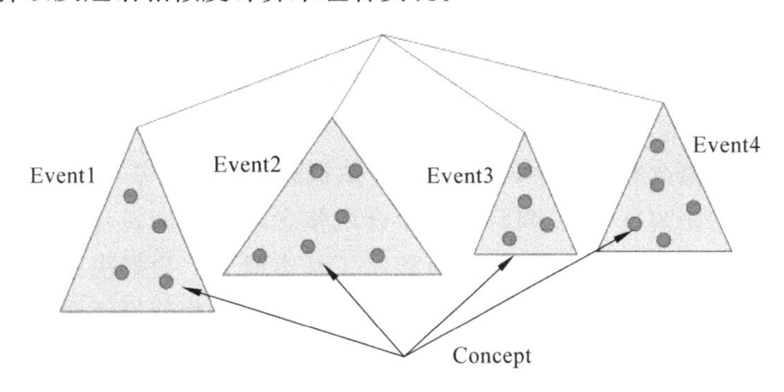

图 6-7　事件语义与概念之间的关系

6.2.1　文本预处理

在实际应用中，概念通常是以文本描述的方式表示，这种描述往往是未经过规范化的。为了获得更加确切的概念相似度，在计算概念相似度之前首先需要对所有的概念描述进行规范化。

(1) 分词(Tokenization)。应用分词处理是将查询或者概念的文字描述分割为每个词的过程。

(2) 词性标记(POS Tag)。文字描述中并不是所有的词在比较语义时都有用。可以采用词性标签对文本中词语所对应的词性进行标记，这种标记是基于词性的定义和上下文来确定的。上下文信息则包括了词语与相邻词语在短语或者语句层的关系。

(3) 停用词消除(Stopword Removal)。消除文本中的停用词是对文本进行规范化所需的一步。例如，对英文停用词的消除，可以采用对文本中通用词语进行查看的方法，并使用停用词列表将停用词筛除[10]。

(4) 词形还原(Lemmatization)。为了恰当使用词汇词典并获得准确结果，需要获得词语的原始形式。在消除停用词和标点之后，采用词形还原可以将不同形式的单词转换为它的原始形式，从而对这些单词作为同一个词语进行分析。所有进行词性还原后的词语也被转换为小写形式。

6.2.2　合取概念的相似度

正如前面描述的，任意的文档或查询都可以表示为一个词语的权重向量，以用于在信息检索系统中进行相似度的比较。词语向量可以被当成一个新的复合概念。由文档所反映的概念可以描述为由索引词所表示的概念的逻辑与[11]，这也使文档可以被当成合取概念来处理。

当概念在 WordNet 同义词集中有若干不同的含义时，可以应用"析取最小"方法[11]来得到两个概念之间的相似度。也就是说，当一个概念是多义词时，这种方法计算同义词集与另一概念的最小概念距离，并作为两个概念间的最终距离。假设有两个概念 c_1 和 c_2，并且 c_1 有三个不同的同义词集 syn_1、syn_2、syn_3。按照"析取最小"方法，c_1 和 c_2 的概念距离将计算为 $d(c_1,c_2)=\min\{d(\text{syn}_1,c_2),d(\text{syn}_2,c_2),d(\text{syn}_3,c_2)\}$。

在计算合取概念相似度中，我们考虑合取概念中的所有基本概念，即需要综合元素概念之间的距离。从而，将计算两个合取概念间相似度转化成一个二分图的最优指派问题。在二分图的两边，节点表示了基本概念。为解决这个最优匹配问题，可以应用匈牙利算法来确定两个合取概念间的最大相似度匹配。需要说明的是，匈牙利算法的计算复杂度非常高，尤其对于长句子或者文档更为严重。一种可选的方法是采用更加高效的方式对合取概念相似度进行计算[12]，即

$$\text{sim}(c_1,c_2)=\frac{1}{M\cdot N}\sum_{i=1}^{M}\sum_{j=1}^{N}\text{sim}(e_i,f_j)$$

其中，c_1 和 c_2 是进行比较的合取概念，e_i 和 f_j 分别是 c_1 和 c_2 的基本概念。在这个式子中，基本概念两两之间相似度的求和被合取概念的长度进行了归一化，以减少由基本概念数量带来的偏差[11]。因此，一个合取概念中的基本概念越多，从基本概念通过的路径对相似度的作用也就越小。其他一些计算合取概念相似度的方法在本章文献[12]中也有介绍，可以在实际应用中根据具体需要选择合适的方法。

6.2.3　基于密度的概念选择

在概念集中，每个概念表示语义空间中的一个概念实体。两两概念之间的关系可以通过它们的相似度来确定，并表示为一个 $n\times n$ 维的对称矩阵，矩阵的每行或者每列表示对应概念与所有概念间的相似度值。最相似的概念群组可以表示语义空间中的一个子空间，同时这些概念具有很高的相关性。

主成分分析(Principle Component Analysis，PCA)是机器学习中的一个有用的工具，用于在高维空间中降低空间的维度却不损失数据的很多信息。使用PCA，可以通过协方差矩阵较高的特征值选择特征向量。将维度降低可以帮助压缩数据，并有效消除由太多维引入的噪声。尽管 PCA 可以保证基的正交性，通过特征向量表示原始数据很难被解释并赋予其语义，这也在本章文献[13]中被指出。然而，概念的子集在语义空间中以一定程度聚集，并表示特定域的语义。子集之间应该尽可能不相交，从而可以选择它们作为语义空间的基。因此，空间中簇的个数，也就是通过聚类选择的基的个数，应该与 PCA 所选择的特征向量的个数一致。

灵活使用 PCA，可以为基于密度的概念选择方法帮助找到合适的聚类簇个

数。也就是说，全部聚类的个数通过综合考虑聚类过程的不一致系数和 PCA 来确定。不一致系数值在聚类中用于确定树状图中簇的个数，该值的定义是用来对一个簇层次中链接的高度和它下面的平均链接高度进行比较。这个值反映了概念的群组关系，即这些概念密集地分布在聚类树状图的某些区域。值越小，在相应链接下的概念越相似。

为了演示这个方法如何工作，下面以 ConceptNet 上下文相似度作为示例，该相似度在 4.4 节有所介绍。在图 6-8～图 6-10 中表示的结果都使用 4.3.4 节介绍的典型概念集合(85 个概念，如表 4-4 所示)。在图 6-8(a)中，聚类簇的个数由对应的不一致系数值所确定，并反映了变化曲线。根据 PCA，前 k 个特征向量的累积能量部分的占比如图 6-8(b)所示。正如前面描述的，正交向量的个数能够反映语义空间中不相交语义的数量。因此，如果尽可能聚集很多相似的概念，这将为整个空间形成更少的正交基。最后，通过对 PCA 和不一致系数之间的平衡，可以为聚集算法找到合适的簇个数。如图 6-9 所示，PCA(虚线)和不一致系数(实线)曲线的交点可以用于确定聚类簇的个数。从图 6-9 可以看出，该平衡点聚类簇可以将累积能量保持在 90%以上，同时不一致系数也能保持相对较低值。

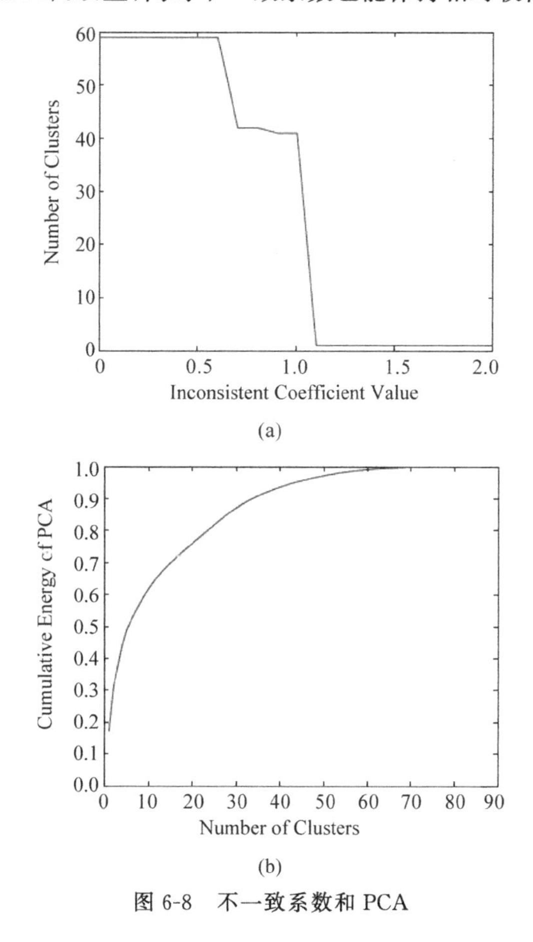

图 6-8　不一致系数和 PCA

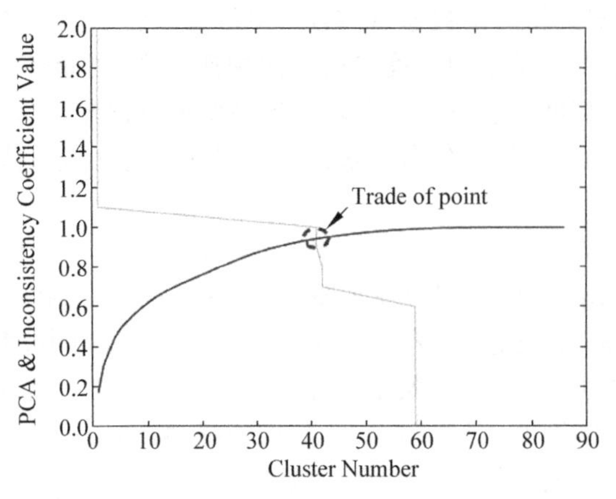

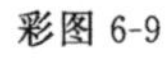

彩图 6-9

图 6-9　簇个数的确定

由层次聚类生成的概念的关系树状图如图 6-10 所示。在该树状图中，语义上相关的概念在一个簇中被连接在一起。例如，“食物”“桌子”“饮料”和“盘子”被归拢在一起，从中不难看出，这些概念与“吃饭”的活动更加相关(如图 6-10 中虚线圆圈所示)。更多的例子也可以从图 6-10 中看出，例如“牛奶”“水”“杯子”被聚类在

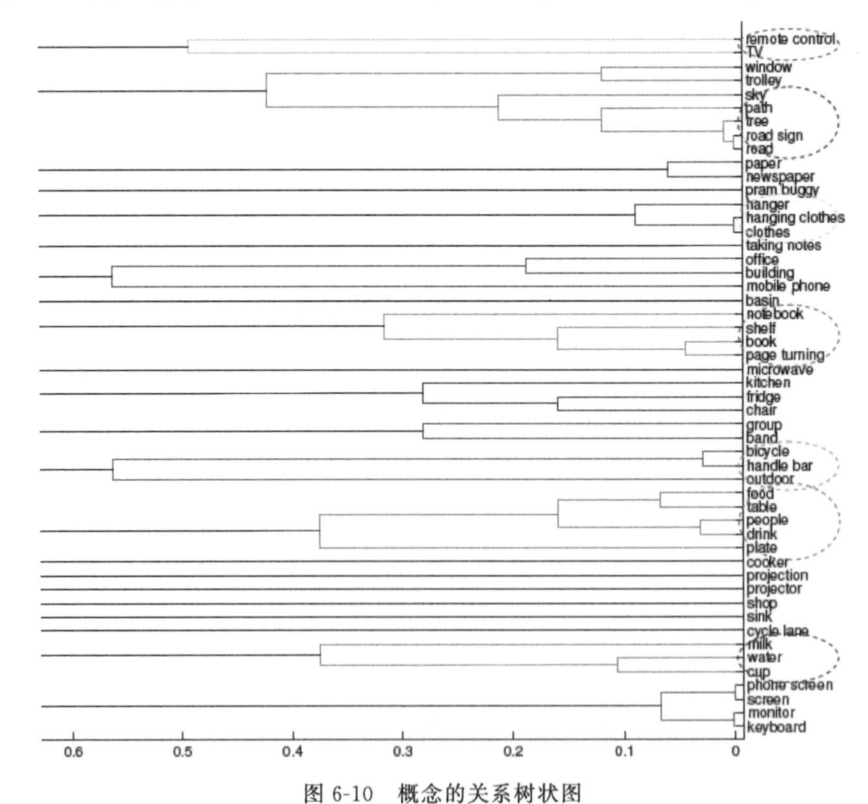

彩图 6-10

图 6-10　概念的关系树状图

一起,共同反映“喝”这一活动,而“天空”“道路”“树”“道路标识”等被聚类为“走路”活动的相关概念。这种语义聚类的方式提供了一种主题相关的概念选择方法。相比 4.3.2 节介绍的采用人工实验的方式进行的主题相关的概念选择,这种方法充分利用了外部知识,提供了一种自动的概念选择方法。与给定的活动或者事件主题聚类在一个簇中的相关概念,均可以作为候选概念用于进一步处理。这种选择方法可以用于查询扩展,从而增强基于概念的检索效果。

6.3 利用相似度进行概念排序

本章前面部分描述了一种采用相似度匹配进行概念选择的方法,并基于语义空间中的聚类提供候选概念。尽管采用这种方法获得的概念与给定的活动主题具有很强的相关性,但是仍然可能会漏掉其他一些有用的概念。这是因为聚类算法仅仅考虑了语义空间中的局部距离,从而忽略了全局范围内的其他相关概念。然而,由于所选的概念与给定的主题有很强的语义相关性,这些候选概念可以被用来作为“种子”来找到其他相关的概念。为了从全局的角度来利用概念的相似度,可以进一步采用随机游走模型完成后续的处理。

6.3.1 概念相似度模型

作为一个广泛使用的算法,随机游走使用了网络中的链接,并且用于计算网络中连接对象的全局重要程度。该算法帮助我们计算在时间序列中一个随机游走者位于每个节点的概率。这个过程通过一个离散的马尔可夫链来完成,并且需要一个转移概率矩阵来描述该马尔可夫链。随机游走的应用(如 PageRank[14])已经在网页搜索中获得成功应用。PageRank 的出发点是将网页看成一个通过前向和后向超链接所连接的图。在 PageRank 中,如果有重要的页面链接到一个网页,那么这个网页也是重要的。

类似地,我们将概念相似度建模为一个图 $G=<C,E>$,其中 C 为概念集合,而 E 为一个连接概念的边的集合。每个边被分配一个给定的相似度值,用于描述随机游走者在概念之间跳动的概率。如图 6-11 所示,概念集合给定的主题都可以

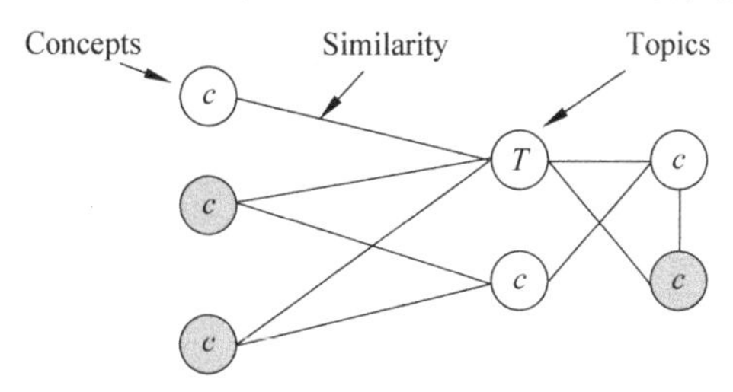

图 6-11　概念相似度链接

被表示为图中的节点，并由相似度链接进行互联。按 6.2 节介绍，与给定主题相似的概念被挑选为候选概念，在图 6-11 中由深色概念节点所表示。然而，一些与候选概念相似但与给定主题没有直接相似度连接的概念很可能被忽略。采用随机游走模型可以将候选概念作为种子，从一个全局相似的角度对更多的概念进行排序。

6.3.2 相似度排序

在本模型中，可以将整个过程看作一个马尔可夫链，其中的状态是概念，而状态间的转移是相似度链接。一个随机游走者将以一定的先验概率开始，沿着相似度链接对整个图进行遍历。这种相似度随机游走的方法基于概念之间的相互增强。也就是说，与一个给定主题相关的概念的得分将影响其他概念的得分，同时也将受到其他概念的影响。我们将概念 c_i 分值的计算形式化为

$$x(c_i)=\sum_{j=1}^{n}\mathrm{Sim}_{ij}x(c_j)$$

其中，Sim_{ij} 表示概念 c_i 与 c_j 之间的归一化相似度值。根据 PageRank 算法，我们通过下式对概念的分值进行更新。

$$\begin{pmatrix}x_1\\x_2\\\vdots\\x_n\end{pmatrix}=\alpha\begin{pmatrix}\mathrm{Sim}_{11} & \mathrm{Sim}_{12} & \cdots & \mathrm{Sim}_{1n}\\\mathrm{Sim}_{21} & \mathrm{Sim}_{22} & \cdots & \mathrm{Sim}_{2n}\\\vdots & \vdots & \ddots & \vdots\\\mathrm{Sim}_{n1} & \mathrm{Sim}_{n2} & \cdots & \mathrm{Sim}_{nn}\end{pmatrix}\begin{pmatrix}x_1\\x_2\\\vdots\\x_n\end{pmatrix}+(1-\alpha)\begin{pmatrix}d_1\\d_2\\\vdots\\d_n\end{pmatrix}$$

其中，$(d_1,d_2,\cdots,d_n)^{\mathrm{T}}$ 是先验分值向量，α 是衰减因子。上式可以进一步形式化为以下一个紧凑的矩阵表示形式。

$$\boldsymbol{x}=\alpha\boldsymbol{T}\boldsymbol{x}+(1-\alpha)\boldsymbol{d}$$

在该式中，$\boldsymbol{x}$ 表示分值向量，$\boldsymbol{T}$ 是相似度矩阵且每一列的和等于 1。对于每个概念 c_i 来说，其分值 $x_i=\sum_{j=1}^{n}\alpha\cdot\mathrm{Sim}_{ij}x_j+(1-\alpha)d_i$。为了求解上式，可以将其转化为

$$\boldsymbol{x}=\alpha\left(\boldsymbol{T}+\frac{1-\alpha}{\alpha}\cdot\boldsymbol{d}\cdot\boldsymbol{l}\right)\boldsymbol{x}$$

如果假设 $\boldsymbol{A}=\alpha(\boldsymbol{T}+(1-\alpha)/\alpha\cdot\boldsymbol{d}\cdot\boldsymbol{l})$，则 $\boldsymbol{x}$ 将是 $\boldsymbol{A}$ 的特征向量。虽然这样可以直接得到上述问题的解，但迭代计算的方法由于收敛速度足够快，从而经常在实际应用中被采纳。在具体计算中，可以将 $\boldsymbol{x}$ 初始化为 $\boldsymbol{0}$，再进行算法的迭代。

6.4 实验分析

6.4.1 多概念探测评估

6.1 节介绍了利用概念间的语义关系提高自动概念探测精度的一个思路，并

给出了对探测置信度结果进行调整的方法。本节将对这种基于本体的多概念分类方法进行评估分析。正如图6-6所示，整个算法过程包括参数的训练和置信度的调整。在评估过程中，我们从语料库中随机选择了一半作为训练样本用于学习算法中的参数 A、B 和 C。语料库中的另一半样本用于评估基于本体的置信度调整策略。

为了评估更多概念对探测性能的影响，我们测试了探测精度和若干多类型边缘的分布，这通过每次选择一个与目标概念不相交的概念来进行分析。为进行评估，我们首先通过用户标注获得了“室内”和“室外”两个概念在每幅图片中出现的真实情况，形成了包含一万多幅 SenseCam 图片的语料库。基线概念探测器则选用了标准的 SVM 分类器，并作为原始的单类型分类器。然后，对基线方法的输出结果应用了基于本体的分类算法。两种分类方法的结果均与真实标注结果进行比较，以计算精度、AP、MAP 等评估指标。

作为一个评估指标，MAP 经常被用来反映视频检索中的查询性能。AP 被定义为 $\mathrm{AP}=\frac{1}{\min(R,k)}\sum_{j=1}^{k}\frac{R_j}{j}I_j$，其中 R 为一个特定事件主题得到的相关视频片段的数量，R_j 是在前 j 个排序结果中相关视频片段的数量。如果在第 j 个位置的视频镜头是相关的，则 $I_j=1$，否则 $I_j=0$。MAP 则是对所有事件主题查询得到的 AP 的均值。

图6-12中表示了对于“室内”概念，采用单个不相交概念的多类型边缘与预测精度的相关性。不相交的概念在概念本体中进行了建模，关于不相交关系的介绍可以参见6.1.1节。例如，“室外”“道路”“天空”“植物”“树”和“草地”都是与概念“室内”互不相交的典型概念。从图6-12中可以看出，这些不相交概念可以用来改善“室内”概念探测的效果，并且它们的置信度对“室内”的探测起到不同的效果。其中，“室外”对于“室内”精度的影响最为显著，而“草地”的影响最小。尽管它们对于“室内”具有不同程度的影响，但它们具有相似的分布且都可以用6.1.2节中式(6.2)介绍的 Sigmoid 函数形式进行拟合。由式(6.1)计算的多类型边缘考虑了所有这些不相交的概念的影响，并将它们应用到对“室内”探测置信度的调整中。

类似地，图6-13以“室外”概念为例表示了在应用概念本体前后的 Precision-Recall 曲线。正如我们所看到的，Precision-Recall 曲线下面的面积很明显地可以通过调整置信度来增加，如实线所示。原始置信度值曲线（蓝色虚线）在图的左侧位于红色曲线下面很低的位置，该区域的查到率小于0.5。在调整后的置信度曲线上，当查准率为0.7时对应的查到率为0.35，这远远高于基线的查到率值0.1。在图6-13中查准率更高的区域，即使当查到率增加时，调整后置信度曲线的查准率下降速度比原始置信度曲线也要慢很多。

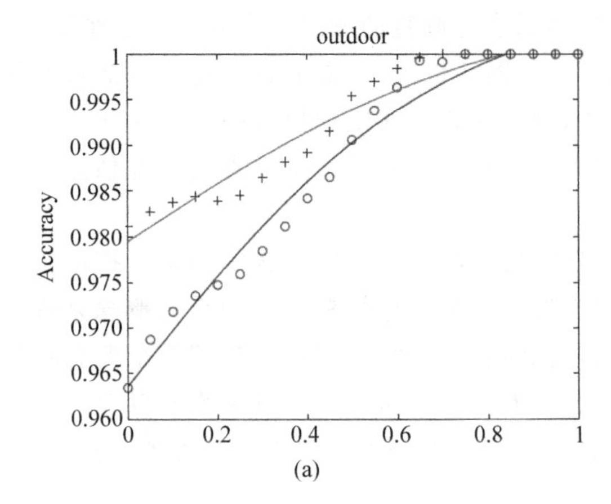

(a)

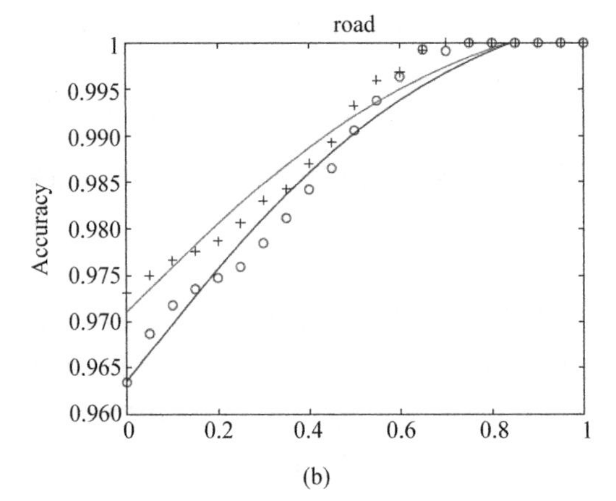

(b)

彩图 6-12

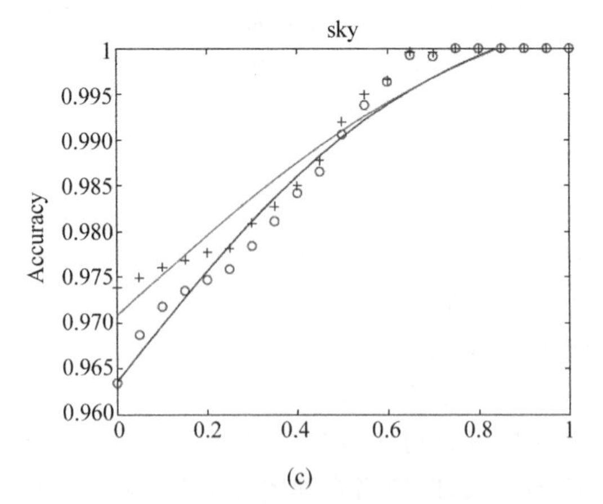

(c)

图 6-12 采用单个概念对“室内”概念的精度提高

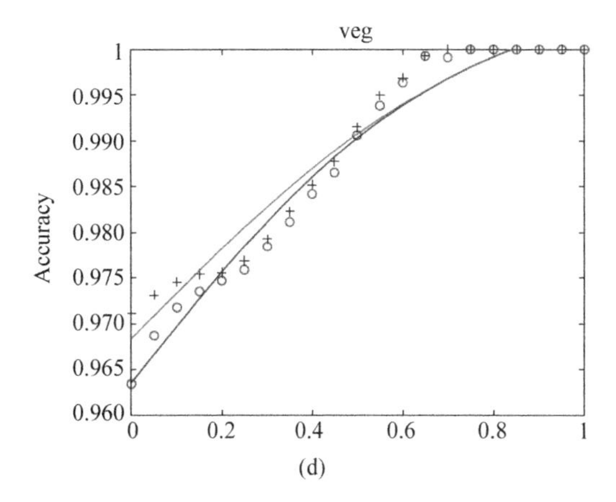
veg
Accuracy
1
0.995
0.990
0.985
0.980
0.975
0.970
0.965
0.960
0
0.2
0.4
0.6
0.8
1

(d)

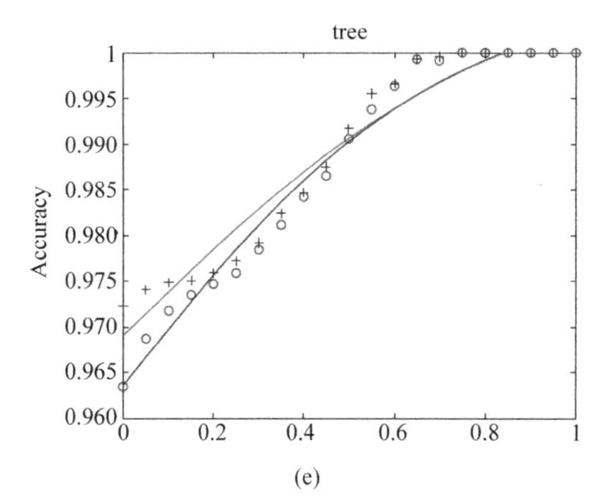
tree
Accuracy
1
0.995
0.990
0.985
0.980
0.975
0.970
0.965
0.960
0
0.2
0.4
0.6
0.8
1

(e)

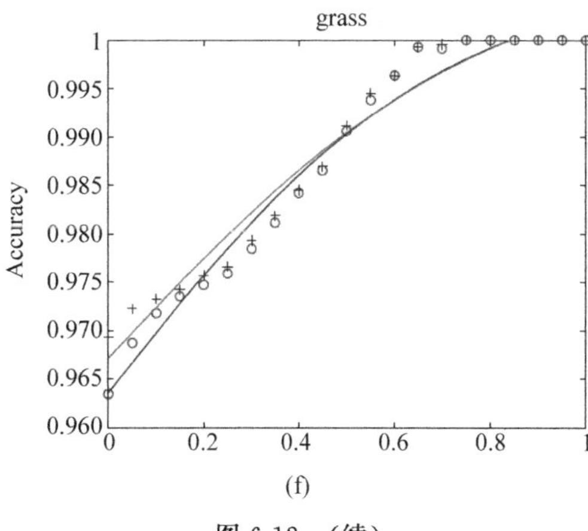
grass
Accuracy
1
0.995
0.990
0.985
0.980
0.975
0.970
0.965
0.960
0
0.2
0.4
0.6
0.8
1

(f)

图 6-12　(续)

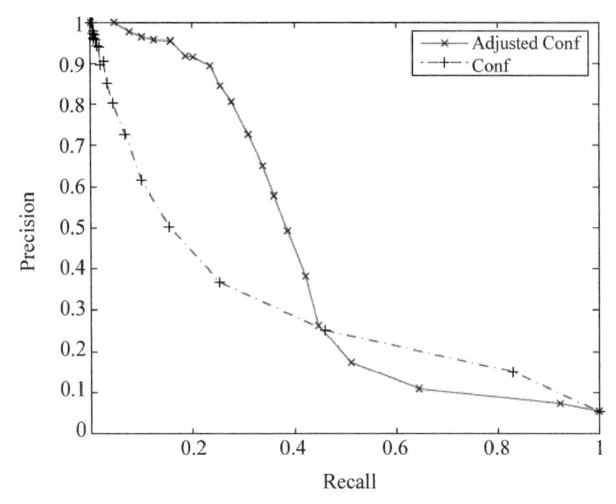

彩图 6-13

图 6-13 Precision-Recall 曲线（“室外”）

同样是以“室外”为例，对于分类查准率和查到率，类似的提高也可以由图 6-14 中看出。在图 6-14 中，横轴表示了原始和调整后的概念探测置信度值，纵轴表示查准率和查到率指标值。图中采用带“∘”的虚线和带“＋”的实线分别表示调整了置信度值后的查准率和查到率，而带“＋”的虚线表示原始置信度的查到率曲线。当置信度值增加（包括原始的和调整后的），分类的查准率随之升高而查到率随之降低。从两个查到率曲线上可以看出，调整后置信度的性能要比基线方法更高。通过内在的本体关系对概念探测置信度进行修正之后，概念探测的查准率也保持了比较满意的效果，这可以从图 6-14 看出。当调整后置信度值的阈值高于 0.5 时，“室外”的查准率仍然在 0.8 以上。

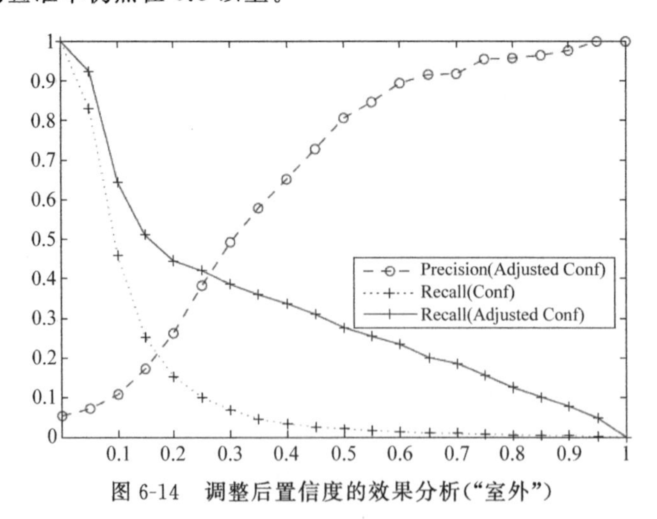

彩图 6-14

图 6-14 调整后置信度的效果分析（“室外”）

另一组评估在一个包含更多概念数量的数据集中实施，该数据集在 5.4.1 节通过仿真得到。在本数据集中，不同精度层次的 85 个概念探测器由仿真得到，并通过改变每个分类器正类的均值 μ_1 得到。概念出现的后验概率作为仿真后的概念探测输出被返回，并用作原始的分类置信度值。通过这种方法，可以采用本体模型对仿真得到的置信度值进行调整，进而评估最终的性能。评估中采用的 85 个概念组成的本体在前面的图 6-1 和图 6-2 中进行了展示。包含关系和不相交关系这两种语义关系在本体中得到了建模，并都应用于提高多概念探测精度。

在任何 μ_1 的配置情况下，每次运行都分别进行训练和测试两个步骤。在单次运行中，每个概念都会被选择，并通过考虑构建的本体结构对相应的分类输出结果进行调整。在参数学习和置信度调整完成之后，我们为每个概念计算 AP。这个过程将重复 5 次，并且每次运行在不同的仿真数据集上。仿真数据集的获得如 5.4.1 节中介绍。实验中需要计算由 5 次运行得到的 AP 的平均值，从而可以从全面的角度获得评估结果。

在进行本体推理之后，85 个概念中的 52 个都有不相交的概念，并且可以被调整以提高置信度值。这 52 个概念中，有 35 个概念在语料库中的样本个数超过 100。因为需要足够的样本来学习参数用于置信度的调整(如图 6-6 中算法所示)，最终选择这 35 个概念作为进行评估的概念集。

图 6-15 表示了在这 35 个概念上 AP 平均效果的提升。纵轴的正值表明了在采用概念本体语义之后得到了性能的提升，而负值表明了性能的降低。如图 6-15 所示，绝大多数概念都在原有基础上得到了提升。其中，仅仅有 6 个概念的性能在应用了本方法后出现了降低。像“在公交车上”“在车中”“道路”等概念的提高幅度在 20%以上。

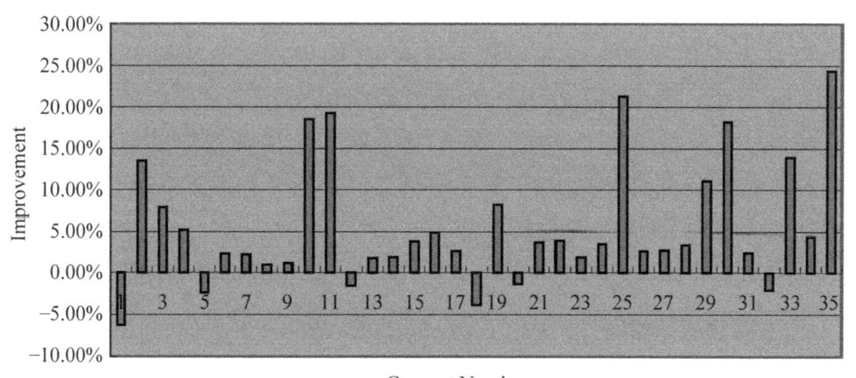

彩图 6-15

图 6-15　置信度调整后的 AP 提升

除了概念 AP、MAP 也在每次运行中被计算得到并进行了平均。图 6-16 表明了当 μ_1 在 0.5～10.0 内被赋予不同值的过程中，MAP 得到提高的情况。因此，这幅图也反映了在基线概念探测器不同性能层级情况下的提升效果。当基线概念探测器有较低的性能时($\mu_1<5$),所有的评估都表明了采用本方法后得到了明显改善。当$\mu_1\geqslant5$,即概念探测的精度已经很高的情况下(从图上看出MAP已经接近1.0),显然已经没有空间对性能进行改善了。最佳的提升效果在μ_1取值为1.5的情况下得到,这时MAP的提高幅度超过6%。当μ_1的值更大或更小时,改善程度将变得愈加不明显。这种现象告诉我们,基于本体的概念探测算法在原始探测器既不是很好也不是很差的情况下表现更佳。在两种极端情况下(非常好和非常差的探测器),由概念语义带来的增值效果都没那么明显。

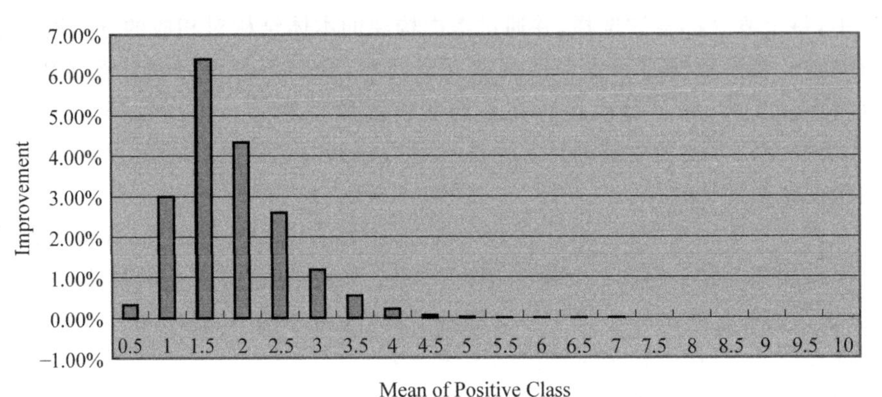

彩图 6-16

图 6-16 置信度调整后的MAP提升

6.4.2 概念选择评估

1. 评估方法

两种基线方法在概念选择评估中被采用,即用户实验的结果和基于互信息(Mutual Information,MI)的方法。在用户实验中,分析了排序后的概念以选择大家公认的最佳几个概念用于评估。同样,还分析了标注数据集以通过互信息值来选择相关的概念。总的来说,基于密度的语义概念选择和基于互信息的方法,相对于用户手工实验而言,都是自动的方法。

为了给出对于MI的简单介绍,以及MI如何用于概念选择,本书采用了本章文献[15]在视频检索中的形式化方法,即$I(R;C)=\sum_{r,c}P(r,c)\log\dfrac{P(r,c)}{P(r)P(c)}$,其中$R$和$C$都是二值随机变量。$R$表示视频镜头的相关性且$r\in\{\text{relevance},\text{irrelevance}\}$,而$C$表示概念在视频中存在与否且$c\in\{\text{presence},\text{absence}\}$。MI反映了对$C$的信息在使用最大似然估计时对$R$的熵的降低程度,从而概念可以根据MI得到排序。在采用阈值1%对概念进行移除之后,没有帮助的概念也通过概念的$I_p(\text{absence},\text{relevance})$大于$I_p(\text{presence},\text{relevance})$的准则被滤除,其中$I_p(r,c)$

是成对互信息，并定义为 $I_p(r,c)=\log \frac{P(r,c)}{P(r)P(c)}$。

需要说明的是，没有哪种算法在概念选择的任务中是完美的。在不同的应用中，每个算法都有各自的优缺点。在发现更广泛的概念方面，即使最准确的用户实验比起基于 MI 的方法也存在不足。而基于 MI 的方法倾向于选择一些与事件主题不相关但同时出现的概念。事件分割同样会存在错误，而错误的标注也会引入噪声从而导致基于 MI 方法性能的降低。基于 MI 方法同样在标注集中缺乏代表性事件的情况下受到限制。这里介绍几个从不同性能视角对上述算法进行评估的基准。这些评价角度包括分组一致性（Group Consistency）、集一致性（Set Agreement）和排序相关性（Rank Correlation）[16]。

(1) 分组一致性。为了评估算法的聚类效果，定义分组一致性来度量语义上相关的概念被聚类的程度。当两个相关的概念通过算法被分组到同一个聚类簇中，这应该为整个分组一致性的值提供一个正面的贡献，否则提供一个负面的贡献。决定两个概念是否应该分为一组是一个主观的决策，因此人工实验的结果可以用来作为一种最佳分组的结果。将概念的分组一致性的人工判断形式化为一个二值函数 O，即

$$O(c_i,c_j)=\begin{cases}1 & c_i \text{ 和 } c_j \text{ 属于相同主题} \\ 0 & c_i \text{ 和 } c_j \text{ 不属于相同主题}\end{cases}$$

类似地，可以定义另一个二值函数 G 以反映两个概念通过聚类得到的分组结果：

$$G(c_i,c_j)=\begin{cases}1 & c_i \text{ 和 } c_j \text{ 在相同的簇中} \\ 0 & c_i \text{ 和 } c_j \text{ 在不同的簇中}\end{cases}$$

需要说明的是，这两个二值函数都是对称的，这就意味着 $O(c_i,c_j)=O(c_j,c_i)$，且 $G(c_i,c_j)=G(c_j,c_i)$。从概念集合 C 生成一个有序对集合 $C=\{(c_i,c_j),1\leqslant i,j\leqslant |C|,i\neq j\}$，对于 C 的整体分组一致性可以基于这两个函数来定义，并形式化为

$$\mathrm{GC}=\frac{|C|-\sum_{(c_i,c_j)\in C}\mathrm{IC}(O,G,c_i,c_j)}{|C|}$$

其中

$$\mathrm{IG}(O,G,c_i,c_j)=\begin{cases}1 & O(c_i,c_j)\neq G(c_i,c_j) \\ 0 & O(c_i,c_j)=G(c_i,c_j)\end{cases}$$

分组一致性以一种两两分组结果的形式反映了基于相似度的聚类性能。这个比率被计算为语义聚类算法获得与用户实验相同输出结果所占的部分。如果语义聚类不出现概念对错误分组的情况，GC 等于 1。相反，如果没有概念对被正确分组，则 GC 等于 0。

(2) 集一致性。集一致性用于对两个概念集合进行比较，而并不考虑对排序的度量。集一致性定义了两个集合间一致部分的份额[16]。当两个集合 $C_1=C_2$ 时，集一致性等于 1；当 $C_1\cap C_2=\varnothing$ 时，集一致性等于 0。

(3) 排序相关性。排序相关性用于研究在相同概念集上不同排序之间的关系，本章采用 Spearman 排序相关性系数来计算。根据 Spearman 排序相关性系数，该评价指标的分值当两种排序相同是 1，当两种排序相反时为 -1。

2. 评估设置

共有 13 人参与了概念推荐的用户实验，并推荐了各种各样的概念，如图 6-17 所示。从图上可以看出，概念的数量随着投票一致性的降低而明显增加。仅有一位用户推荐的概念在实验中被忽略，因为这意味着在该概念的选择上没有达到共同的理解。

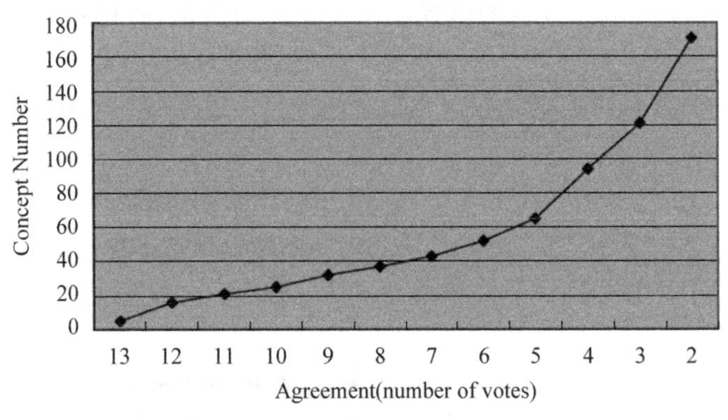

图 6-17 概念数量与投票数的关系

我们首先集中于一个较小的概念集合，该集合中大多数概念都按照推荐一致率 agreement≥50％的标准进行选择。当一个主题中有太少概念被选择，有较低投票数(推荐一致率)的概念也可以被选择，从而保证每个主题有至少 5 个概念。在这个概念集中，有 85 个概念被选择得到，如表 4-4 所示。

为度量语义相似度，我们在实验中采用了分类学相似度和上下文相似度，并分别使用了 WordNet 和 ConceptNet 本体。对于分类学相似度，我们还比较了 5 种典型的相似度计算方法，分别为 Wu&Palmer(W&P)、Leacock&Chodorow(L&C)、Resnik(Res)、Jiang&Conrath(J&C)、Lin，这些方法均在表 4-5 中进行了介绍。上下文相似度则通过对 ConceptNet 中的连接进行扩散激活而得到。在通过文本处理进行归一化之后，先计算词与词的语义相似度，而后将其结合得到短语的相似度，以表示由多个词构成的合取概念的相似度。

概念—概念的相似度以及主题—概念的相似度在基于密度的概念选择算法中都得到使用，从而将最相关的概念与对应的事件主题聚类到一个簇中。我们首先分析了层次聚类输出的概念结果，以表明不同语义相似度计算方法得到的概念的多样性。每个事件主题得到的概念数量如图 6-18 所示。尽管在单个主题的概念平均数量上没有很大的不同，Lin 比其他方法选择了更多的概念。平均有 5 个概念被 Lin 方法选择，而 Jiang&Conrath 及 ConceptNet 为每个主题分别选择了 2.6 和 2.5 个概念。

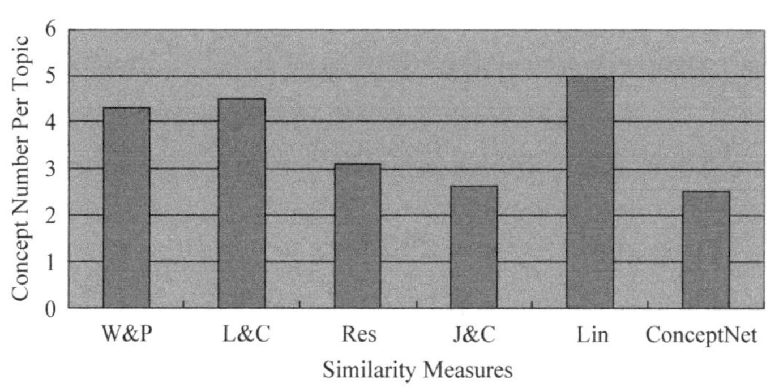

彩图 6-18

图 6-18　为单个事件主题选择的概念的平均数量

3. 结果评估

在实验中比较了 WordNet 和 ConceptNet 两个主要的本体在基于密度的概念选择中的表现。前面介绍的基于密度的概念选择和重排序算法包括相似度计算、聚类、相似度排序等步骤。因此，实验采取多种方法对上述结果进行评估。

1) 评估聚类算法

聚类算法用于根据相似度计算结果将语义相关的概念进行分组。对每个本体计算分组一致性可以评估聚类算法在捕捉日常事件的语义关系中的性能。在两个概念集合上对分组一致性的比较结果如图 6-19 所示。

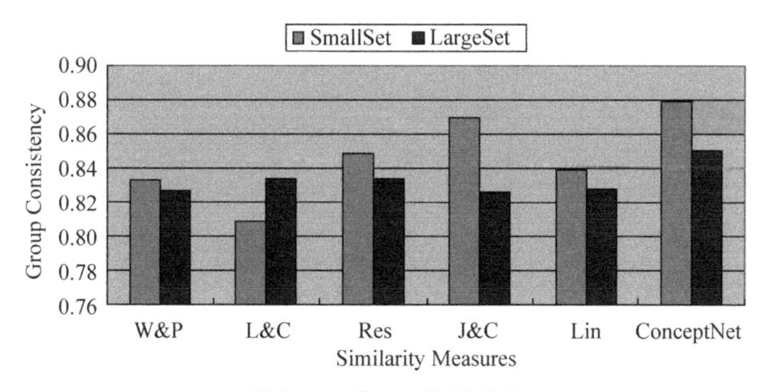

彩图 6-19

图 6-19　分组一致性对比

图 6-19 中用蓝色表示在一个小的概念集合(85 个概念)上的评估结果。可以看出，基于 ConceptNet 的相似度相比其他相似度方法具有更高的一致性。在使用

相同概念集合以及聚类算法的情况下，这个结果表明由 ConceptNet 扩散激活方法所得到的相似度能够更好地反映日常活动的语义。通过增加测试概念集合，算法应用在一个更大的概念集合(171 个概念)上并在图 6-19 中用红色表示。可以看出，在更大概念集合上，ConceptNet 仍然优于其他的相似度。

由于 ConceptNet 是一种包含常识知识的上下文本体，它包含了更多上下文关系而不是分类关系。因此，更多上下文相关的概念通过算法被选择得到，从而增加了整体的精度。例如，“键盘”“显示器”等均通过 ConceptNet 被选择出来，并对应到了“用电脑”这一主题。按照 WordNet 中的分类关系，这些概念之间的关系并不足够紧凑，从而这些概念节点在层次词汇本体中的路径比较长。然而，他们在同一个“用电脑”的上下文中却紧紧连接在一起，这表明 ConceptNet 可以更准确反映日常行为概念间的关系。

在更大的概念集合上，同样对 171 个概念和主题首先计算了语义相似度，接着应用了层次聚类算法，这种算法在概念空间中寻找成组的相关概念已经体现出了作用[13]。算法输出的概念按照单个主题与用户实验中获得的结果进行分别比较。比较过程采用了集一致性和排序相关性来评估不同相似度计算方法的性能。由于主题之间进行性能评估没法做归一化处理，我们没有在所有主题之上对结果进行平均，这种平均在集一致性和排序相关性指标上没有实际的含义。在这两个指标上的对比结果如图 6-20 和图 6-21 所示。

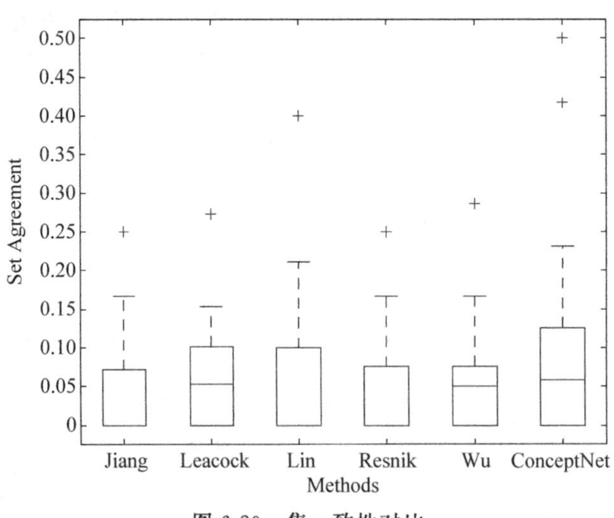

彩图 6-20

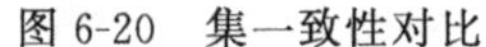
图 6-20 集一致性对比

图 6-20 中对不同相似度度量的性能在集一致性上进行了比较。从图中可以看出，基于 ConceptNet 的概念选择比基于 WordNet 的方法具有最高的中值和更好的四分位值。在基于 WordNet 的相似度中，Leacock 在集一致性上的效果最好，但是在排序相关性上并没有明显的优势。

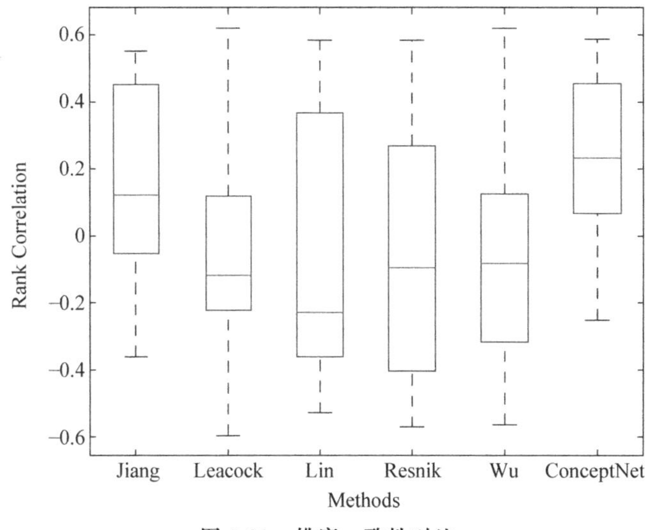

图 6-21　排序一致性对比

彩图 6-21

基于 ConceptNet 的概念选择结果在排序相关性上具有最好的中值和四分位值。Jiang 在基于 WordNet 的相似度中获得最好的表现，但是仍然不及 ConceptNet 的效果。因此总的来说，基于 ConceptNet 的相似度不但在所选的概念上(表现为集一致性)，而且在对这些概念的排序上(表现为排序相关性)都具有最好的表现。上下文本体从而也更适合于为可穿戴式行为分析进行日常概念的选择。

2) 相似度排序评估

类似于分组一致性，定义对有序性[17]用于评估算法的排序效果：

$$\mathrm{PO}=\frac{|C|-\sum_{(c_i,c_j)\in C}\mathrm{IC}(O,G,c_i,c_j)}{|C|}$$

其中

$$\mathrm{IO}(O,R,c_i,c_j)-\begin{cases}1 & R(c_i)\geqslant R(c_j)\text{ 且 }O(c_i)<O(c_j)\\2 & R(c_i)\geqslant R(c_j)\text{ 且 }O(c_i)>O(c_j)\\0 & \text{其他}\end{cases}$$

如果概念 c 在用户实验中被选择作为真实结果，$O(c)$等于 1，否则 $O(c)$等于 0。$R(c)$是由相似度排序为概念 c 返回的最终得分值。概念对集合与前面分组一致性的形式化中给出的定义相同。

图 6-22 展示了在较小概念集合(85 个概念)上采用对有序性对本体相似度进行对比的结果。ConceptNet 相似度在大多数情况下都超过了其他方法，这体现在 ConceptNet 的曲线位于其他曲线的上方(在“cook”活动之前)。只在 4 种情况下 ConceptNet 的效果不如基于 WordNet 相似度的方法，分别是“cook”“listen to presentation”“general shopping”“presentation”。我们分析了ConceptNet在这些活动类型上出现较低表现的原因。对于“listen to presentation”及“presentation”，ConceptNet没有表现很好的原因是由于缺乏“presentation”的上下文信息。通过查找ConceptNet的本体结构，我们发现仅有两个概念以强相关性与“presentation”进行上下文互联。它们分别是“fail to get information across”和“at conference”，并分别通过“CapableOf”和“LocationOf”关系与“presentation”连接。因此，很难对集合中的相关概念赋予更高的相似度权重。在本实验中，“general shopping”是一个非常宽泛的概念，即使实验人员都觉得很难确定最相关的概念，从而所选的概念与该主题具有松散的连接。在主题“general shopping”上出现的不理想结果，可以解释为缺乏对语义上下文的具体化。

彩图 6-22

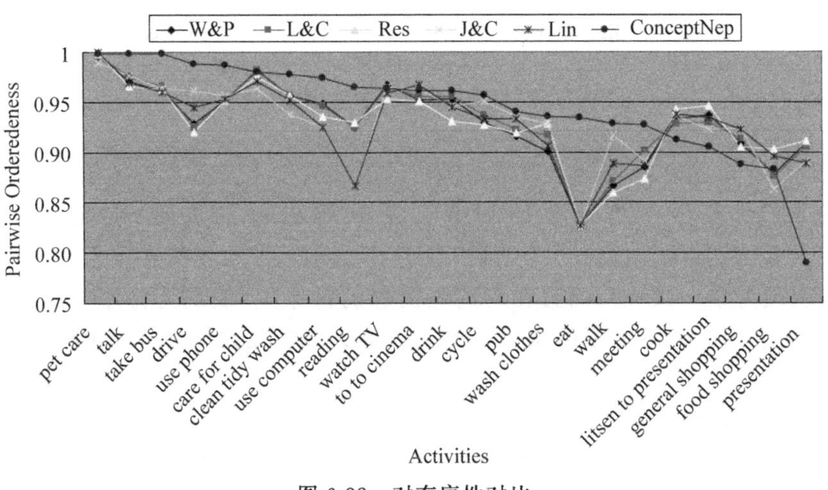

图 6-22 对有序性对比

在较大概念集合(171个概念)上进行的对有序性的评估也表明，基于ConceptNet的语义相似度要优于其他相似度方法。仅在三种情况下，ConceptNet的表现不如基于WordNet的相似度方法，分别是“cook”“presentation”及“general shopping”。对于这三种情况的解释与在较小概念集合中的解释是类似的。需要说明的是，在“cook”主题中，涉及更多的动态过程如“wash”“peeling potatoes”“stir frying”等。这种上下文多样性也使得采用ConceptNet很难准确地返回上下文相似度。

基于语义相似度进行的概念排序算法也通过集一致性和排序相关性指标进行比较。为了简化对比，实验中采用了较小的概念集并在相似度排序算法返回的前5个和前10个概念上进行评估。从图6-23上可以看出，采用ConceptNet的优势更加明显，并且进行相似度排序之后选择的概念相比于聚类选择的种子概念要更多。在图 6-23 中,基于 ConceptNet 算法不仅在集一致性和排序相关性指标上都要优于其他方法,而且在选择前 10 个概念进行比较时 ConceptNet 的优势也同样明显,这体现了相似度排序算法的鲁棒性。排序算法能够在相似度网络中进行传播,从而根据聚类算法得到的种子给更相关的概念赋予更高的权重。当更好的种子被选择的情况下,如使用 ConceptNet 时获得的候选概念,排序算法可以根据已经选择的概念进一步获得更多相关的概念。

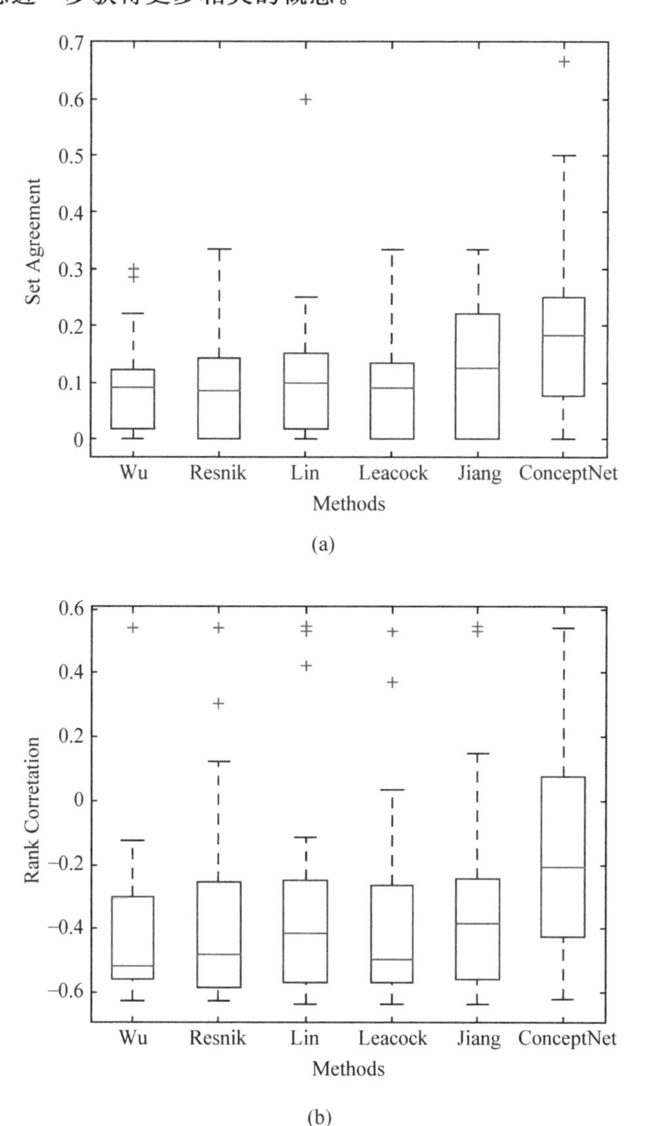

彩图 6-23

图 6-23　在前 5 个排序概念上的对比(较小概念集)

6.5 本章小结

由于可穿戴式感知设备佩戴者行为上下文的约束，由行为采集设备所记录的图像数据中的概念是紧密相关的，多个概念共同反映了穿戴者日常行为的语义内容。在有很多概念探测精度不足的情况下，综合利用多概念之间的外部语义关系来提高整体探测的精度是一个很有价值的工作。本章从提高基于多概念的检索精度入手，介绍了一种语义多概念探测的方法以及进行查询扩展的方法。在优化概念探测的过程中，充分利用构建的多概念词汇的本体结构，通过学习概念探测置信度值与探测精度的关系，训练对概念探测结果进行优化的方法。作为查询扩展的方法，本章介绍了一种基于语义密度的概念选择方法，用于将查询的事件主题映射到相关的概念。将方法与基于相似度的概念排序方法相结合，进一步提高了概念选择的效果。本章还详细给出了这些方法的评估过程和相关的指标设计。

参考文献

[1] Smeaton A F，Over P，Kraaij W. High level feature detection from video in TRECVid：a 5-year retrospective of achievements［M］//Divakaran A. Multimedia Content Analysis：Theory and Applications.［S.l.］：Springer US，2009：151-174.

[2] Russakovsky O，Deng J，Su H，et al. ImageNet large scale visual recognition challenge［J］. International Journal of Computer Vision，2015，115(3)：211-252.

[3] Vapnik V N. Statistical Learning Theory［M］.［S.l.］：Wiley-Interscience，1989.

[4] Li B，Goh K，Chang E Y. Confidence-based dynamic ensemble for image annotation and semantics discovery：Proceedings of the 11th Annual ACM International Conference on Multimedia［C］. New York：ACM，2003.

[5] Dean G S M. OWL Web ontology language reference：W3C Recommendation［R/OL］.(2004-02-10)［2019-02-16］. https://www.w3.org/TR/owl-ref/.

[6] Brickley D，Guha R V. RDF vocabulary description language 1.0：RDF Schema：W3C Recommendation［R/OL］.(2004-02-10)［2019-02-16］. https://www.w3.org/ TR/ 2004/ REC-rdf-schema-20040210/.

[7] Byrne D，Doherty A R，Snoek C G M，et al. Everyday concept detection in visual lifelogs：validation，relationships and trends［J］. Multimedia Tools and Applications，2010，49(1)：119-144.

[8] Wu Y，Tseng B，Smith J. Ontology-based multi-classification learning for video concept detection：Proceedings of the IEEE International Conference on Multimedia & Expo［C］.［S.l.］：IEEE，2004.

[9] Goh K，Chang E，Cheng K. SVM binary classifier ensembles for image classification：Proceedings of the 10th International Conference on Information and Knowledge

Management[C]. New York：ACM,2001.

[10] Salton G. Dynamic document processing[J]. Communications of the ACM,1972,15：658-668.

[11] Rada R,Mili H,Bicknell E,et al. Development and application of a metric on semantic nets[J]. IEEE Transactions on Systems,Man and Cybernetics,1989,19(1)：17-30.

[12] Smeaton A F, Quigley I. Experiments on using semantic distances between words in image caption retrieval：Proceedings of the 19th Annual International ACM SIGIR Conference on Research and Development in Information Retrieval[C]. New York：ACM,1996.

[13] Wei X Y,Ngo C W. Ontology-enriched semantic space for video search：Proceedings of the 15th International Conference on Multimedia[C]. New York：ACM,2007.

[14] Page L,Brin S,Motwani R,et al. The PageRank citation ranking：Bringing order to the web：Stanford Digital Library Technologies Project Technical Report[R].[S.l.：s.n.],1998.

[15] Lin W H,Hauptmann A G. Which thousand words are worth a picture? Experiments on video retrieval using a thousand concepts：Proceedings of the IEEE International Conference on Multimedia and Expo[C].[S.l.]：IEEE,2006.

[16] Huurnink B, Hofmann K, Rijke M. Assessing concept selection for video retrieval：Proceedings of the 1st ACM International Conference on Multimedia Information Retrieval[C]. New York：ACM,2008.

[17] Gyöngyi Z, Garcia-Molina H, Pedersen J. Combating web spam with trust rank：Proceedings of the 30th International Conference on Very Large Data Bases[C].[S.l.]：VLDB Endowment,2004.

第 7 章　概念的动态组织及时序行为识别

生活记录(Lifelogging)[1]作为量化生活(Quantified Self)应用的一种重要的信息来源,它和表示日常生活的多媒体内容密切相关。这些记录下来的媒体使我们可以通过事件、环境交互和相关性等分析形式,使一个人的日常生活记录变得更有价值。这种内容丰富的信息形式由个人收集,用来描述他们自己的日常活动行为,进而满足不同领域的应用。事件的视觉记录包含了丰富的语义,这些语义可以让我们用来推断日常活动的隐含信息,例如"谁""是什么""在哪里"或"什么时候"等。视觉生活日志使用图像和视频等多媒体内容来展现人类行为细节,现在已经发展成量化生活领域的一个重要研究方面。

现实生活中的个人,可能由于医疗、辅助记忆,甚至后代传承,抑或是仅仅为了娱乐的目的,而采集个人生活日志。但不论原因如何,如果要研发一个聚焦于真实世界人类活动的应用,从大量的生活日志信息中定位出离散的、人们感兴趣的活动,并通过语义信息把它们描述出来是至关重要的。从视觉媒体中识别语义信息的最有效方法是采用机器学习技术来刻画诸如颜色、纹理、形状等低层的局部或全局特征,进而识别出如"室内""建筑物""行走"等一系列更接近人类理解的高级语义概念,这个过程称为概念探测。自然地,我们可以首先从视觉生活日志信息中得到一系列视觉语义概念,接着根据语义概念的出现或缺失情况推断出佩戴者在视觉信息被记录时正在进行的活动类型,进而可以对佩戴者在一段较长时间内的活动进行综合分析,从而推断出佩戴者的行为特征或发现其中蕴含的变化规律。

目前为止,大多数用单类独立的语义概念来标注视觉信息的方法并不能有效发掘出概念间的时序性关系,而这些时序关系可以对活动或事件的分类提供更有用的信息。一些前期的工作在概念探测的基础上构建了更上层的时序模型,以提高隐含语义概念的探测准确性[2]或活动描述的准确性[3]。在本章文献[4]中,作者验证了将语义概念探测结果与语义概念出现的时序表现相结合,在识别更复杂的事件时具有很大的潜力。前面介绍过,根据 TRECVid 国际标准评测[5],使用有效的语义概念探测方法能够在一部分存在大量标注数据的概念集中获得较为可靠的概念自动识别结果。因此,这种语义概念自动探测技术可以使我们在基于语义属性的视觉生活日志信息中进行检索。并且这种在视觉媒介上基于概念的检索已经被证明在生活行为模式的分析上是有效的[6-7]。尽管在这方面的研究有一定的进展，但是自动语义概念探测仍然距离理想的自动标注效果有很大的差距，基于这种高噪声的语义属性对高级事件（活动）的有效分类仍然是一个待解决的问题。

7.1　方法框架描述

在很多情况下需要对日常行为视觉传感中探测出的概念做进一步分析，例如使用它们进行活动或行为的推断。在这种情况下，如何充分利用存在噪声的概念探测结果进行高层的时间序列分析显得尤为重要。对很多量化生活的应用来说，由于可用的语义概念范围非常广泛，由此得到的生活日志索引数据的噪声通常更加显著，从而在被动得到的行为视觉记录中，即使对同一事件所采集的视觉图像从感知和内容上都可能有很大的不同，因此在该领域中有更多的问题需要解决。

根据上面的介绍，进行日常行为语义刻画的一种有效的方法是首先对一系列事件的图片流表示完成语义概念探测，而这些事件事先可以通过本章文献[8]中提出的方法完成事件的自动分割预处理。在本章的研究中，一个基本事件对应于一项日常活动，例如“看电视”“上下班”“吃饭”等。平均来说，在典型的一天中将会分割出约 20～40 个这样的基本事件，并且每个事件往往具有不同的持续时长。

图 7-1 描述了一个利用动态的概念探测结果反映更加复杂行为活动的例子，其中包括“吃饭”“看电视”等事件，并在图示中描绘出活动中的移动轨迹。图 7-1 下面的表格中，将概念探测结果按照时间先后顺序进行对齐，然后使用“√”和“×”分别描述在对应的时间片段是否在采集的 SenseCam 图像中出现了相应的概念。需要注意的是，图 7-1 中所示的概念探测结果同样会存在错误，并且这些错误会使后续分析出现不同程度的偏差。为了不使这些错误在后续的时间序列刻画中持续

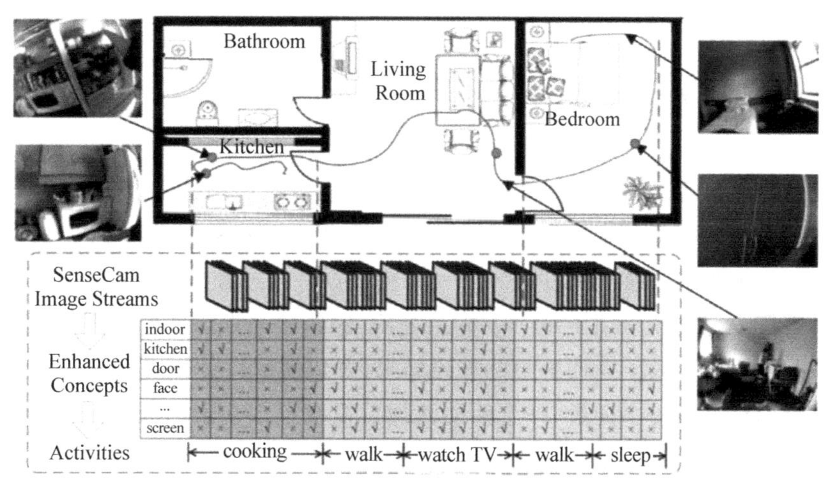

彩图 7-1

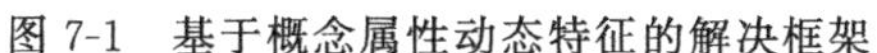
图 7-1　基于概念属性动态特征的解决框架

传播，本章将在7.3节中介绍如何通过时间特征对概念探测结果进行改进和增强的方法，这种增强可以通过对前面提出的矩阵分解方法（第5章）在时间维进行扩展得到基于张量分解的方法。

由单个穿戴者获得的行为记录与在时间上对齐到该记录片段中的图片流数据是密切相关的。当一个用户在一个固定的地点进行一项长时间的活动，例如在客厅中“用电脑”或“阅读”，在这个过程中捕捉得到的图像往往看起来是非常相似的或相关的。在这些活动中探测到以一定频率出现的概念如“室内”“屏幕”“手”可能被用于推测该时间序列属于“用电脑”这一活动。而频繁出现“纸张”“手”等概念的时间序列则可能会被推测为“阅读”这一活动。即使有些行为如“走路”和“做家务”等需要使用者在不同的位置经常移动，但是其中动态出现的概念仍然会表现出很强的重复性。例如，在“走路”中“道路”这一概念出现的频率很高，而“做家务”中“厨房”和“浴室”等概念也会交替频繁出现。基于这样的假设，图片中蕴含的概念会表现出显著的时序模式，这对于从图片序列中准确刻画行为的语义信息是十分有意义的。

在个人行为识别中需要对行为语义进行灵活建模，该模型不但要充分反映连续图像或帧中语义概念的时序规律，而且对概念探测要有一定的鲁棒性，即保证行为事件的识别精度不会因为若干概念探测器能力的不足而导致严重下降。本章将在7.2节中分别给出基于隐马尔可夫模型（Hidden Markov Model，HMM）、基于费舍尔核（Fisher Kernel）及隐条件随机场（Hidden Conditional Random Field，HCRF）等典型的动态行为识别算法，用于对前面介绍的概念出现的动态模式进行建模。此外，本章还将介绍一种时间感知的概念探测增强方法，并结合隐条件随机场行为识别方法进行增强效果对比分析。

7.2　基于动态语义属性的行为识别

受到基于属性的时序模型[3,9]的启发，本章用概念识别的结果作为输入，采用概念出现的时序特征对日常行为活动的动态变化进行建模。也就是说，表示行为活动的图像流将首先被分割并表示为一系列诸如片段或帧组成的最小单元的时间序列。将概念探测器应用于每一个单元之后，这些预先训练好的一系列概念探测器将在相同时间步长上返回各自的输出结果（置信度值）。将这些在相同时间步长上的输出值连接成一个向量，一个活动流即可以被形式化表示成一个按时序排列的向量列表，如图7-2所示。在行为样本集合X中，每个行为样本都可以表示为$X_n=\{\boldsymbol{x}_{n2},\boldsymbol{x}_{n3},\cdots,\boldsymbol{x}_{nt},\cdots\}$，其中$\boldsymbol{x}_{nt}\in\mathbf{R}^d$表示一个长度为$d$的置信度向量，$d$是进行检测的概念探测器数量。

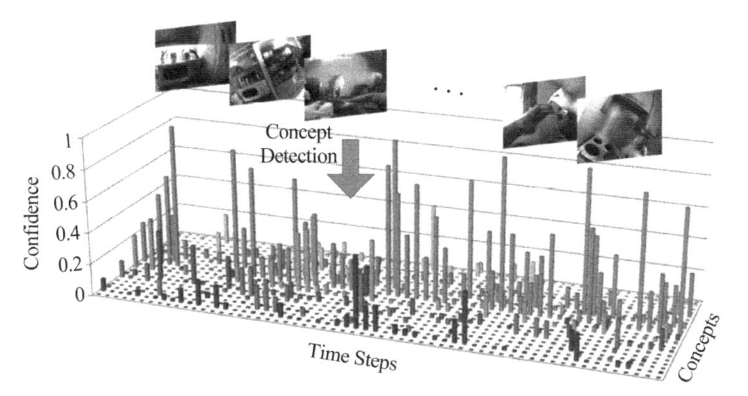

彩图 7-2

图 7-2　由概念探测结果量化得到的概念属性动态结构

7.2.1　基于 HMM 的行为识别方法

1. 问题描述

基于可穿戴式采集设备所记录的视觉媒体具有很高的视觉多样性，这就使得从单个图像/帧来推断整个事件的语义变得比较困难。因此，需要将个人行为识别问题转化为事件探测问题，即通过处理个人行为记录数据，从一组事件语义中找到最有可能的事件主题对这些数据进行索引。一种有效的方法是采用基于监督学习的方法通过训练得到事件的探测器，对拟解决的问题进行如下的形式化描述。

假设给定一组训练数据集合$\{(x^{(1)},y^{(1)}),\cdots,(x^{(N)},y^{(N)})\}$，集合中包含 N 组相互独立的事件及标注样本。每个事件样本 $x^{(i)}$ 表示事件样本集中的第 i 个事件，而相应的标注结果 $y^{(i)}\in[1,|T|]$属于事件语义全集 T 中的一个主题，其中符号$|\cdot|$代表任意集合的势。个人行为识别的任务可以描述为根据给定的一组训练集学习得到某个函数 $h:X\mapsto Y$，从而 $h(x)$可以作为一个预测器用于确定未标记事件 x 对应的 y 值。

经过概念探测的过程，每一个图像被赋予了相应的标记用于表示特定的概念在图像中存在与否。同样，如果具备一组概念探测器 C，事件 $x^{(i)}$被表示为一系列连续捕捉的图像 $I^{(i)}=\{\mathrm{Im}_1^{(i)},\mathrm{Im}_2^{(i)},\cdots,\mathrm{Im}_m^{(i)}\}$。对图像 $\mathrm{Im}_m^{(i)}$ 进行概念探测的结果可以表示为一个 n 维的概念向量$\boldsymbol{C}_j^{(i)}=(c_{j1}^{(i)},c_{j2}^{(i)},\cdots,c_{jm}^{(i)})^{\mathrm{T}}$，其中 n 为概念探测器集合 C 的势，$C_{jk}^{(i)}=1$ 表示概念 k 在图像 $\mathrm{Im}_j^{(i)}$ 中被探测到，否则 $c_{jk}^{(i)}=0$。

在单个事件发生的过程中，佩戴视觉采集设备的用户不可避免地来回移动，从而以第一人称视角记录的视觉媒体内容也会不断随时间发生变化。事件探测的任务就是利用这种内容的时序变化规律将图像流映射到不同的事件类型。将一系列按时序排列的图像组成的事件进行分类在很大程度上类似于从一个音频流中识别一个音素(Phoneme)，例如一个事件相当于一个音素而构成事件的每幅图像类似于音频帧。因此，这种对具有时序特征的事件的识别非常适合于使用音频识别中常用的隐马尔可夫模型(HMM)进行解决。

除了 HMM 完善的理论体系及在计算机视觉领域中很多成功的案例，HMM 还具有强大的用于对时变特征进行建模的能力。这种能力使 HMM 在应用于这类时序建模问题如事件识别时具有非常灵活的特点，尤其是在视觉媒体的势(即图像流的长度)在不同的事件片段中具有不同值的情况下。在数据流的长度不可预知的情况下，HMM 对这种情况的自适应能力避免了很多额外的预处理工作(如时间规整(Time Warping)、矢量量化(Vector Quantization)等)方法，而这些预处理工作方法对于其他要求特征矢量具有相同维度的学习算法来说是必需的，例如支持向量机和 k 最近邻分类算法(k-Nearest Neighbor，KNN)等。

2. 为 SenseCam 图像构建词汇

概念探测为我们提供了有效的方法用于确定图像中出现的概念，这些识别出的概念可以用作高层语义特征并提供给后期的基于概念的检索方法，或者做进一步的统计分析。正如前面介绍的，概念在表示事件语义的任务中起到不同程度的作用，其中的一些概念通过本体关系与其他概念相互作用。这就意味着一个概念向量 $\boldsymbol{C}_j^{(i)}$ 的各个维度之间不是相互独立的，例如一些概念在含义上与其他概念类似。忽略概念的关系将降低后期进行活动分类的精度。

本章介绍了采用隐语义分析(Latent Semantic Analysis，LSA)进行内部语义结构处理的方法。作为一种有效的向量空间模型，隐语义分析同样通过向量来表示词条和文档，并根据两个向量之间的夹角来分析文档之间的关系。隐语义分析的优势是词条和文档被映射到一个潜在的概念空间，检索性能可以通过消除原始空间中的“噪声”而得到提高[10]。在隐语义分析中，词条含义的相似度由一组相互约束所确定，这些约束由词条在文档中出现或不出现的上下文所提供[11]。在这里，隐语义分析的应用可以进行如下描述。

假设有 n 个概念探测器和一个包含 m 个 SenseCam 图像的语料库。我们可以构建一个 $n \times n$ 的概念—图像矩阵：

$$\boldsymbol{X} = \begin{bmatrix} x_{11} & x_{12} & \cdots & x_{1n} \\ x_{21} & x_{22} & \cdots & x_{2n} \\ \vdots & \vdots & \ddots & \vdots \\ x_{n1} & x_{n2} & \cdots & x_{nn} \end{bmatrix}$$

其中，如果概念 c_i 出现在图像 I_j 中，则元素 $x_{ij}=1$，否则 $x_{ij}=0$。在矩阵 $\boldsymbol{X}$ 中，每一行表示一个单独的概念而每一列对应一幅图像。

隐语义分析通过对矩阵应用奇异值分解(Singular Value Decomposition，SVD)来执行。概念—图像矩阵可以分解为三个矩阵的乘积：

$$\boldsymbol{X} = \boldsymbol{U\Sigma V}^{\mathrm{T}}$$

其中,$\boldsymbol{U}$ 和 $\boldsymbol{V}$ 分别代表左奇异向量和右奇异向量,而 $\boldsymbol{\Sigma}$ 是尺度值的对角奇异矩阵。$\boldsymbol{U}$ 和 $\boldsymbol{V}$ 都有正交的列,分别用于描述原始的行实体(概念)以及列实体(图像)。采用奇异值分解,矩阵 $\boldsymbol{X}$ 可以用更低的维度 $k<n$ 以最小二乘的方式近似构建。这个过程可以通过简单选取 $\boldsymbol{\Sigma}$ 中前 k 个最大的奇异值,以及 $\boldsymbol{U}$ 和 $\boldsymbol{V}$ 中对应的正交列来实现。这就获得了如下近似:

$$\boldsymbol{X} \approx \hat{\boldsymbol{X}} = \boldsymbol{U}_k \boldsymbol{\Sigma}_k \boldsymbol{V}_k^{\mathrm{T}}$$

这一处理后的矩阵不仅保留了原有概念和图像的语义关系,而且消除了由相似概念所引入的噪声。由于 $\boldsymbol{U}_k$ 是一个正交矩阵,不难对任意样本向量 $\boldsymbol{C}_j$ 计算得到新概念空间中的映射为

$$\hat{C}_j = \boldsymbol{\Sigma}_k^{-1} \boldsymbol{U}_k^{\mathrm{T}} C_j$$

在概念向量被映射到新的概念空间之后,采用矢量量化来表示相似的向量集合。这一步通过划分整个向量集为若干个群组来完成,每个群组中具有一定数目的样本且群组内的样本相互之间具有一定的相似性。采用这种方法,描述概念出现情况的向量样本被建模为一组离散的状态,这组状态被称为词汇。通过将样本集在 n 维的空间中进行聚类可以完成矢量量化,并聚类为 M 个簇。其中,n 为空间的基的数量(在应用隐语义分析后为 k),而 M 是最终得到的词汇大小。

在矢量量化过程中,可以应用 k 均值聚类方法,将样本在应用隐语义分析降维后的空间中进行聚类。为避免局部最优所引起的量化误差,一种经验的方法可以采用对 k 均值聚类选取不同随机初始聚类中心的方法进行若干次迭代运行,如重复 10 次。对上述运行结果,选取具有最小均方误差的聚类结果作为最终的词汇。词汇构建的一个例子如图 7-3 所示,图中样本点被映射到二维空间中,并聚类为 5 个词汇(簇)。

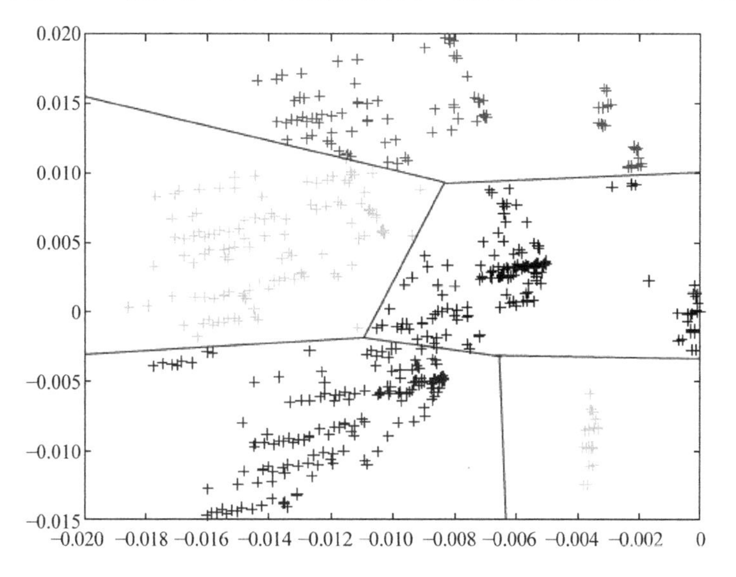

彩图 7-3

图 7-3　词汇构建的示例(以二维空间进行可视化)

3. HMM 模型结构

在行为识别中，每一个事件/活动均可以作为一个潜在活动类型的实例，且由一系列 SenseCam 图像表示。HMM[12]是用于建模时变特征的有效学习工具。使用 HMM 时，可以将事件实例作为在一个时间序列中的相互独立的概念识别结果来处理，每组概念由一个隐含的状态所生成。图 7-4 所示的模型结构可以用于对一个活动中动态概念出现的时间模式进行建模。

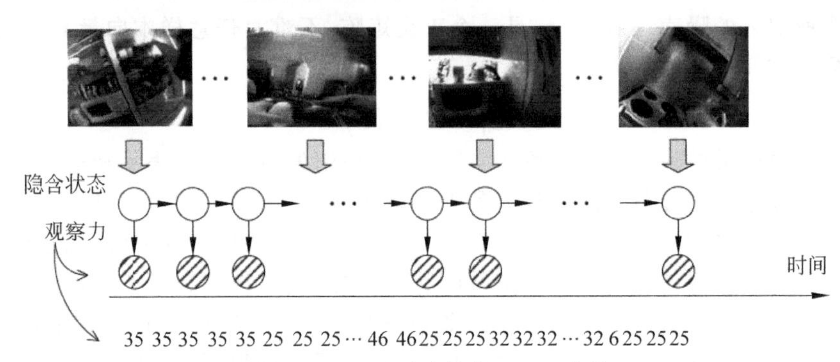

彩图 7-4

图 7-4 用于活动建模的 HMM 结构

在图 7-4 中，一个做饭的事件通过沿时间轴变化的状态和观察序列来表示。全连接的状态转移模型如图 7-5 所示。

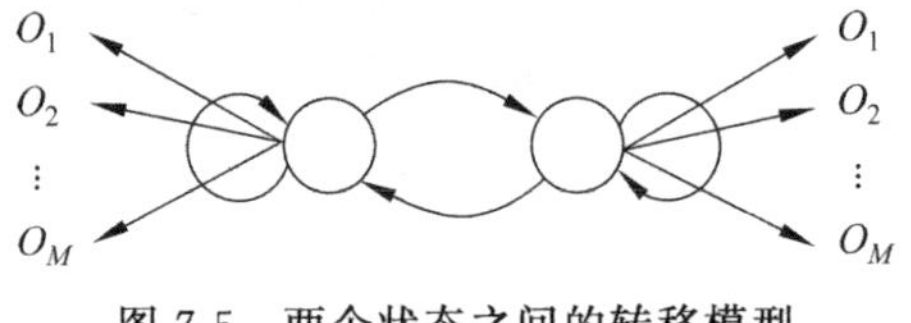

图 7-5 两个状态之间的转移模型

4. 参数训练

参数 k 和 M 决定了概念空间中维度下降的数量和词汇的大小，并进而影响上述方法的效果。对 k 的选择应该足够大，以在新的概念空间中能够反映真实的结构，同时也应该足够小，以避免将原始矩阵中的采样误差或者不重要的细节信息引入后续的处理过程。在对 M 的选择也类似，也就是说，对观察的表示和建模复杂度之间也应该进行折中。采用理论方法选择 k 和聚类数量 M 的值超出了本书的讨论，并且在信息检索和机器学习领域这也是一个开放的问题。在实际应用中，可以将 k 和 M 作为两个参数，并采用信息检索中的 MAP (Mean Average Precision) 准则验证得到二者最佳的组合。

在研究中可以为每个活动类别都训练一个 HMM。也就是说，为每个活动类别需要用多个观察序列训练找到优化的参数。这个过程通过 Baum-Welch 算法完成,即迭代地对模型中的参数进行重估计,并估计 HMM 的概率。为避免训练的结果过拟合,建议在训练数据上对 HMM 进行交叉验证(Cross Validation),例如在训练样本有限的情况下采用留一法(Leave-One-Out)进行交叉验证。经过一定数量的迭代之后,选择最佳的 HMM 初始化参数,并利用该活动类型的所有训练数据集进行模型的训练。所得到的活动分类模型可以在最终的训练数据上进行验证,以评估方法的检索性能。

7.2.2　用 HMM 费舍尔核进行活动分类

在本章文献[9]中,费舍尔核技术被应用于对一段时间内语义概念的出现和缺失相互转变的特征进行编码。这种编码得到的结果是一个定长、紧凑的特征向量,该向量可以作为进一步进行分类的基础。受到从时序角度进行事件动态建模的启发,本章介绍一种应用 HMM 来对随时间动态变化的概念属性进行建模的方法,以捕捉语义概念的出现和缺失的变化进程。进而可以从得到的生成模型中提取费舍尔值(Fisher Score),从而得到一系列更加紧凑和有更好区分能力的特征。理论上,这种方法在时序建模和分类方面可以结合生成方法(Generative Approach)和判别方法(Discriminative Approach)的优势。

由于 HMM 已经被证实在刻画生活行为记录中很有效[9],本章使用 HMM 来对可穿戴式视觉传感器采集的行为记录中识别出的语义概念的动态分布进行动态编码。假设在 HMM 中有 l 个隐藏状态,每一对状态都有转移概率 $a_{ij}=P(s_i \mid s_j)$,HMM 的参数可以表示为 $\lambda=(A,B,\pi)$,其中状态转移概率为 $A=\{a_{ij}\}$,$\pi=\pi_i$ 表示初始状态的概率分布。$b_j(X_t)$是在时间 t 关于状态 j 的对概念探测结果 X_t 的概率分布。由于置 X_t 信度向量有着连续的数值,本章采用高斯分布对 $b_j(X_t)$进行量化,即 $b_j(X_t)=N(X_t,\mu_i,\sigma_i)$。在参数 $B=\{\mu_i,\sigma_i\}$中,参数 μ_i 和 σ_i 分别表示高斯分布在状态 i 时的均值和协方差矩阵。

费舍尔核的原则是相似的样本应当对生成模型有着相似的依赖,这种依赖反映在参数的梯度上[13]。和直接应用生成模型如 HMM 模型的输出不同,费舍尔核尝试生成一个特征向量,该向量描述了行为模型的参数为了适应不同样本而该如何改变。根据上面 HMM 的形式化,样本集 $\boldsymbol{X}$ 可以被刻画为关于参数的费舍尔值:

$$\boldsymbol{U}_X=\nabla_{\lambda}\log P(X \mid \lambda)=\left(\frac{\partial \log P}{\partial a_{ij}},\frac{\partial \log P}{\partial u_{ik}},\frac{\partial \log P}{\partial \sigma_{ik}},\frac{\partial \log P}{\partial \pi_i}\right)^{\mathrm{T}} \tag{7-1}$$

其中,$1\leqslant i\leqslant l$,$1\leqslant k\leqslant d$。因此,费舍尔核可以被形式化为

$$K(X_i,X_j)=\boldsymbol{U}_{X_i}^{\mathrm{T}}\boldsymbol{I}_F\boldsymbol{U}_{X_j}^{\mathrm{T}} \tag{7-2}$$

其中,$\boldsymbol{I}_F=\boldsymbol{E}_X(\boldsymbol{U}_X\boldsymbol{U}_X^{\mathrm{T}})$表示费舍尔信息矩阵,在实际应用中费舍尔信息矩阵可以由单位矩阵 $\boldsymbol{I}$ 简单近似[9,14]。

通过引入

$$\xi_t(i,j)=P(s_t=i,s_{t+1}=j \mid O,\lambda) \tag{7-3}$$

$$\gamma_t(i)=P(s_t=i \mid O,\lambda) \tag{7-4}$$

式(7-1)中的梯度可以进一步计算表示为

$$\nabla_{a_{ij}} \log P(X \mid \lambda)=\sum_{t=1}^{T} \frac{\xi_t(i,j)}{a_{ij}} \tag{7-5}$$

$$\nabla_{\mu_{ik}} \log P(X \mid \lambda)=\sum_{t=1}^{T} \gamma_t(i) \frac{X_{tk}-\mu_{ik}}{\sigma_{ik}^2} \tag{7-6}$$

$$\nabla_{\sigma_{ik}} \log P(X \mid \lambda)=\sum_{t=1}^{T} \gamma_t(i) \left[\frac{(X_{tk}-\mu_{ik})^2}{\sigma_{ik}^3}-\frac{1}{\sigma_{ik}}\right] \tag{7-7}$$

$$\nabla_{\pi_i} \log P(X \mid \lambda)=\frac{\gamma_0(i)}{\pi_i} \tag{7-8}$$

上面式中的概率 $\xi_t(i,j)$ 和 $\gamma_t(i)$ 可以通过前后向算法(Forward-Backward)有效计算，前后向算法是对 HMM 进行估计中用到的标准动态规划过程。由于可穿戴式设备所记录的行为活动的本质属性，不同的行为往往具有不同的持续时间，这就导致了样本序列 X_n 长短不一。通过应用上述导出的费舍尔方法，表示行为样本的特征具有固定的长度且与参数 λ 的数目一致。由此带来的好处是，可以采用有效的判别学习方法如支持向量机方法用于构建更加精确的行为分类器。

7.2.3 基于 HCRF 的行为识别方法

如图 7-1 所展示的那样，日常行为活动可以看成一个随机时间过程，并由包含不同数量的概念向量所表示。如果能够将图像中概念出现的动态演化规律进行准确建模，这些规律可以对行为本身更深入的语义进行刻画。条件随机场(Conditional Random Field，CRF)是一种能够有效利用无向图模型对时间序列数据进行建模的方法。相对于隐马尔可夫方法认为序列中的观察数据之间相互独立且条件依赖于隐含的状态，条件随机场方法则没有这样的约束，并且允许隐含状态和观察值之间的非本地依赖关系。由于这种依赖关系允许更大范围内存在，条件随机场模型能够灵活适应于在不同区域存在高度关联的动态序列。对于由可穿戴式视觉传感设备记录的日常行为而言，这种建模方法显得尤为重要。

在图中可以看到由于可穿戴式传感器佩戴者的不规则移动，一些能够准确刻画行为特征的概念将在视觉序列中以很随机的方式出现。例如，在一次对"做饭"过程的记录中，传感器使用者可能在期间同别人交谈或是使用手机进行通话，如图 7-6 所示。这就引入了和"做饭"活动本身不相关的概念如"人脸""手机"等，这些概念对应的传感图像已在图中用橙色虚线圈出。这也体现出在时间特征建模过程中处理非本地相关性也是至关重要的。

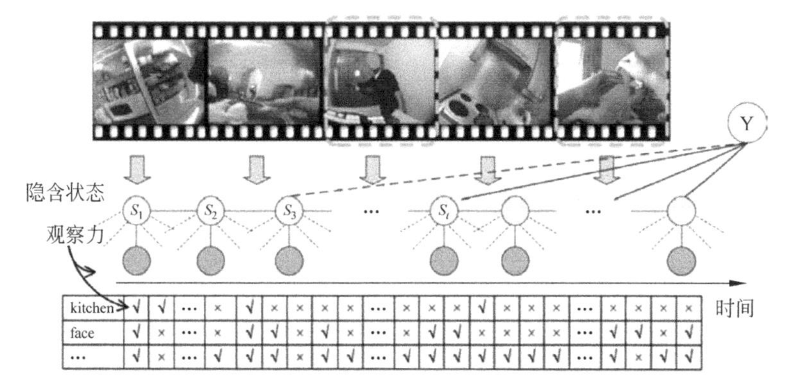

彩图 7-6

图 7-6　日常行为建模中的隐条件随机场结构

这里采用本章文献[15]中提出的隐条件随机场(HCRF)图形建模方法，通过使用概念出现的时变模式完成对行为活动的识别。和 HMM 类似，隐条件随机场同样引入了一系列隐含变量 $S=\{S_1,S_2,\cdots,S_n\}$ 以对应于每次观察结果 $C=\{C_1,C_2,\cdots,C_n\}$，即每个传感图片对应的概念向量。假设模型参数表示为 $\theta=\{\theta_1,\theta_2,\cdots,\theta_m\}$，可以定义条件概率为

$$P(Y,S \mid C,\theta)=\frac{\exp\Psi(Y,S,C;\theta)}{\sum\limits_{Y,S}\exp\sum\limits_{j}^{m}\theta_j F_j(C,Y)} \tag{7-9}$$

其中，$\Psi(Y,S,C;\theta)=\sum\limits_{j}^{m}\theta_j F_j(C,Y)$ 是由参数 θ 刻画的势函数(Potential Function)。特征函数 $F_j(C,Y)$ 依赖于整个序列的概念探测结果 C。通过对 S 计算边缘概率[15]，可以得到

$$P(Y \mid C,\theta)=\sum_{S}P(Y,S \mid C,\theta)=\frac{\sum\limits_{S}\exp\Psi(Y,S,C;\theta)}{\sum\limits_{Y,S}\exp\sum\limits_{j}^{m}\theta_j F_j(C,Y)} \tag{7-10}$$

由此对参数 θ 的训练，可以通过对如下目标函数的优化获得

$$L(\theta)=\sum_{i=1}^{n}\log P(Y \mid C,\theta)=\frac{\|\theta\|^2}{2\sigma^2} \tag{7-11}$$

其中，正则化因子 $\frac{\|\theta\|^2}{2\sigma^2}$ 用于防止过拟合和其他数值问题。优化过程可以通过传统的梯度方法进行，即通过多次迭代计算 $\theta^*=\underset{\theta}{\arg\max}\,L(\theta)$。在隐条件随机场实现过程中，本章采用线性链(Linear-Chain)结构特征函数

$$F_j(C,Y)=\sum_{i=1}^{n}f_j(y_{i-1},y_i,C,i) \tag{7-12}$$

在式(7-12)这个结构中，f_j 依赖于整个行为序列的概念探测结果，但是只与当前和前一标签有关。另外，由于线性链结构的缘故，目标函数和它的梯度能够通

过隐含变量的边缘分布来求解。推理过程和参数估计可以通过应用信任传播(Belief Propagation)方法得到。由上述形式化得到的隐条件随机场模型可以由图 7-6 所示的图形结构进行描述。

7.3 时间感知的概念探测增强

日常概念在图片中不是相互孤立的，经常共同出现，概念的这些同时和重复出现两种不同模式是上下文语义信息的一种反映。在一些长时间的活动，如“开车”“用电脑”等，能反映这些行为本质的概念是以较高频率重复出现的。本节将详细介绍通过时间感知的张量分解进行上下文语义建模。

为了避免事件分割过程导致的信息丢失并充分利用不同事件中的时间特征，本节采用张量对研究问题进行形式化，以更自然地表示数据的多维特征。概念张量的构成和分解过程如图 7-7 所示。如图所示，这种时间感知的增强方法将原始概念探测的结果用一系列二维的切片(Slice)来表示，这样利于更好地保留结果中的局部时间约束。每个切片表示一个事件中的一部分时间片段，并用一个概念探测置信度矩阵来表示。对很多二维切片进行纵向上的层叠可以进一步构成三阶的张量，这样不但保留了每个事件片段的二维特征，而且保留了事件维度的时间特征，从而防止了大量有用上下文信息的丢失。

彩图 7-7

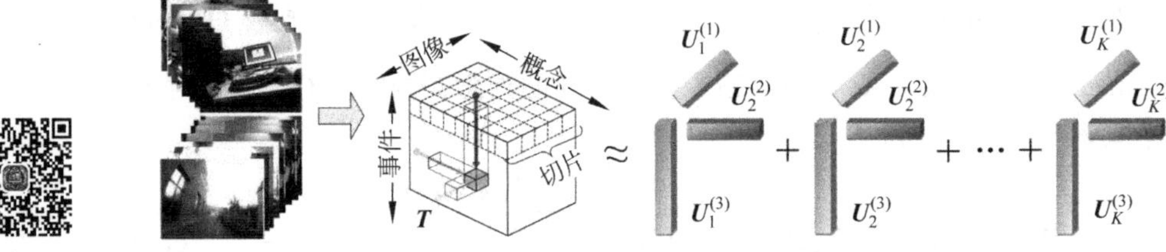

图 7-7 基于非负张量分解的概念索引增强框架

7.3.1 基于 WNTF 的索引增强方法

假设每个二维的切片表示 N 个图片组成的传感行为片段，每个图片由 M 个概念的探测置信度值组成的向量表示，如第 i 个图片可以表示为 $(c_{ij})_{1\times M}$，$1\leqslant j\leqslant M$。则最终构建的概念探测张量用 $N\times M\times L$ 维表示所有的事件，即 L 表示时间间隔的总数量，且在每个切片中共有 N 个连续的图片。加权非负张量分解(Weighted Non-Negative Tensor Factorization，WNTF)的任务是用来确定这个张量所隐含的特征并用于表示张量 $\boldsymbol{T}$ 的三个组分。为实现这个目的，可以将张量 $\boldsymbol{T}$ 近似地分解为三个矩阵的外积形式，即 $\hat{\boldsymbol{T}}=\sum_{f=1}^{k}\boldsymbol{U}_{:f}^{(1)}\otimes\boldsymbol{U}_{:f}^{(2)}\otimes\boldsymbol{U}_{:f}^{(3)}$。从而近似得到张量的每个元素为$\hat{\boldsymbol{T}}_{ijk}=\sum_{f=1}^{k}\boldsymbol{U}_{if}^{(1)}\boldsymbol{U}_{jf}^{(2)}\boldsymbol{U}_{kf}^{(3)}$。

整个分解过程的近似程度可以用函数 F 来量化表示,并通过对该成本函数进行优化进而对分解问题进行求解。类似于本章文献[2],这里也采用加权的成本函数形式对不同的概念探测的贡献加以区别,这种方法得到的成本函数形式化为

$$F=\frac{1}{2}\|\boldsymbol{T}-\hat{\boldsymbol{T}}\|_{w}^{2}=\frac{1}{2}\left\|\sqrt{\boldsymbol{W}}\circ(\boldsymbol{T}-\hat{\boldsymbol{T}})\right\|_{F}^{2}$$
$$=\frac{1}{2}\sum_{ijk}\boldsymbol{W}_{ijk}\left(\boldsymbol{T}_{ijk}-\sum_{f=1}^{k}\boldsymbol{U}_{if}^{(1)}\boldsymbol{U}_{jf}^{(2)}\boldsymbol{U}_{kf}^{(3)}\right)^{2}$$
$$\text{s.t. }\boldsymbol{U}^{(1)},\boldsymbol{U}^{(2)},\boldsymbol{U}^{(3)}\geqslant 0 \tag{7-13}$$

其中,$\circ$表示元素间相乘计算符,$\boldsymbol{W}=(\boldsymbol{W}_{ijk})_{N\times M\times L}$ 表示权重张量,$\|\cdot\|_{F}^{2}$ 表示 Frobenius 范数,即张量中所有元素的平方和。为准确获得张量中的语义结构,式(7-13)中的权重需要根据概念探测的精度进行设置。由于张量中的每个置信度值 $\boldsymbol{T}_{ijk}$ 表示对应概念 c_j 在图像中出现的概率,因此当 $\boldsymbol{T}_{ijk}$ 足够大时概念 c_j 正确出现的可能性更大。本章文献[2]和[16]中也采用了这样的方法,即预先设定一个阈值 thres,当返回的置信值大于这一阈值时就认为这一概念出现更加可靠,这一方法在本书的第5章也得到采用。

在完成张量分解之后,对概念探测结果的调整增强过程可以通过融合两个置信度张量得到:

$$\boldsymbol{T}'=\alpha\boldsymbol{T}+(1-\alpha)\hat{\boldsymbol{T}}$$
$$=\alpha\boldsymbol{T}+(1-\alpha)\sum_{f=1}^{k}\boldsymbol{U}_{\cdot f}^{(1)}\otimes\boldsymbol{U}_{\cdot f}^{(2)}\otimes\boldsymbol{U}_{\cdot f}^{(3)} \tag{7-14}$$

对式(7-13)问题进行优化可以采用梯度下降法进行,即在每次迭代过程中以函数梯度的相反方向对每个矩阵成分 $\boldsymbol{U}^{(t)}$ 进行更新:

$$\boldsymbol{U}^{(t)}\leftarrow\boldsymbol{U}^{(t)}\alpha_{\boldsymbol{U}^{(t)}}\circ\frac{\partial F}{\partial\boldsymbol{U}^{(1)}},\quad t=1,2,3 \tag{7-15}$$

根据本章文献[2],成本函数 F 对 $\boldsymbol{U}_{if}^{(1)}$ 的偏导可以表示为

$$\frac{\partial F}{\partial\boldsymbol{U}_{if}^{(1)}}=\sum_{jk}(\boldsymbol{W}\circ\hat{\boldsymbol{T}})_{ijk}\boldsymbol{U}_{jf}^{(2)}\boldsymbol{U}_{kf}^{(3)}-\sum_{jk}(\boldsymbol{W}\circ\boldsymbol{T})_{ijk}\boldsymbol{U}_{jf}^{(2)}\boldsymbol{U}_{kf}^{(3)} \tag{7-16}$$

通过对 $\alpha_{\boldsymbol{U}^{(t)}}$ 采用形式:

$$\alpha_{\boldsymbol{U}_{if}^{(t)}}=\frac{\boldsymbol{U}_{if}^{(1)}}{\sum_{jk}(\boldsymbol{W}\circ\hat{\boldsymbol{T}})_{ijk}\boldsymbol{U}_{jf}^{(2)}\boldsymbol{U}_{kf}^{(3)}} \tag{7-17}$$

将式(7-17)代入式(7-15),可以得到乘法更新规则[17-18]为

$$\boldsymbol{U}_{if}^{(1)}\leftarrow\boldsymbol{U}_{if}^{(1)}\frac{\sum_{jk}(\boldsymbol{W}\circ\boldsymbol{T})_{ijk}\boldsymbol{U}_{jf}^{(2)}\boldsymbol{U}_{kf}^{(3)}}{\sum_{jk}(\boldsymbol{W}\circ\hat{\boldsymbol{T}})_{ijk}\boldsymbol{U}_{jf}^{(2)}\boldsymbol{U}_{kf}^{(3)}} \tag{7-18}$$

对矩阵 $\boldsymbol{U}^{(2)}$ 和 $\boldsymbol{U}^{(3)}$ 可以用类似的方法得到。需要说明的是，基于上述更新规则可以进一步证明在每次迭代过程中成本函数 F 是不增的。

7.3.2 有效性分析

本节将给出按照式(7-18)的更新规则成本函数 F 具有非增性质的数学证明。首先重新考虑式(7-13)，并对 $F(\boldsymbol{U}_{if}^{(1)}+\Delta)$ 进行二阶泰勒展开，可以得到

$$F(\boldsymbol{U}_{if}^{(1)}+\Delta)=F(\boldsymbol{U}_{if}^{(1)})+\frac{\partial F}{\partial \boldsymbol{U}_{if}^{(1)}}\Delta+\frac{1}{2}\frac{\partial^2 F}{\partial^2 \boldsymbol{U}_{if}^{(1)}}\Delta^2 \tag{7-19}$$

由式(7-15)和式(7-17)可以进而得到 $\Delta=-\alpha_{\boldsymbol{U}_{if}^{(1)}}=\dfrac{\partial F}{\partial \boldsymbol{U}_{if}^{(1)}}$，且有

$$\begin{aligned}\alpha_{\boldsymbol{U}_{if}^{(1)}}&=\frac{\boldsymbol{U}_{if}^{(1)}}{\sum\limits_{jk}\left(\boldsymbol{W}_{ijk}\sum\limits_{f=1}^{k}\boldsymbol{U}_{jf}^{(1)}\boldsymbol{U}_{jf}^{(2)}\boldsymbol{U}_{kf}^{(3)}\right)\boldsymbol{U}_{jf}^{(2)}\boldsymbol{U}_{kf}^{(3)}}\\&\leqslant\frac{\boldsymbol{U}_{if}^{(1)}}{\sum\limits_{jk}\left(\boldsymbol{W}_{ijk}\boldsymbol{U}_{jf}^{(1)}\boldsymbol{U}_{jf}^{(2)}\boldsymbol{U}_{kf}^{(3)}\right)\boldsymbol{U}_{jf}^{(2)}\boldsymbol{U}_{kf}^{(3)}}\\&=\frac{\boldsymbol{U}_{if}^{(1)}}{\boldsymbol{U}_{jf}^{(1)}\sum\limits_{jk}\boldsymbol{W}_{ijk}\boldsymbol{U}_{jf}^{2(2)}\boldsymbol{U}_{kf}^{2(3)}}\end{aligned} \tag{7-20}$$

从式(7-16)可以得到

$$\frac{\partial^2 F}{\partial^2 \boldsymbol{U}_{if}^{(1)}}=\sum_{jk}\boldsymbol{W}_{ijk}\boldsymbol{U}_{jf}^{2(2)}\boldsymbol{U}_{kf}^{2(3)} \tag{7-21}$$

将式(7-21)代入式(7-20)，有 $\alpha_{\boldsymbol{U}_{if}^{(1)}}\leqslant\dfrac{\partial^2 F}{\partial^2 \boldsymbol{U}_{if}^{(1)}}$。从而可以得到

$$\begin{aligned}F(\boldsymbol{U}_{if}^{(1)}+\Delta)-F(\boldsymbol{U}_{if}^{(1)})&=-\alpha_{\boldsymbol{U}_{if}^{(1)}}\left(\frac{\partial F}{\partial \boldsymbol{U}_{if}^{(1)}}\right)^2+\frac{1}{2}\alpha_{\boldsymbol{U}_{if}^{(1)}}^2\frac{\partial F}{\partial \boldsymbol{U}_{if}^{(1)}}\frac{\partial^2 F}{\partial^2 \boldsymbol{U}_{if}^{(1)}}\\&=-\alpha_{\boldsymbol{U}_{if}^{(1)}}\left(\frac{\partial F}{\partial \boldsymbol{U}_{if}^{(1)}}\right)^2\left(1-\frac{1}{2}\alpha_{\boldsymbol{U}_{if}^{(1)}}^2\frac{\partial^2 F}{\partial^2 \boldsymbol{U}_{if}^{(1)}}\right)\\&\leqslant-\alpha_{\boldsymbol{U}_{if}^{(1)}}\left(\frac{\partial F}{\partial \boldsymbol{U}_{if}^{(1)}}\right)^2\left(1-\frac{1}{2}\right)\leqslant 0\end{aligned} \tag{7-22}$$

至此，已经证明了函数 F 在式(7-18)的迭代过程中非增。

7.3.3 计算复杂度分析

在 7.3.2 节中给出了 WNTF 方法的收敛性证明，本章所提出的概念增强算法的计算效率取决于 WNTF 的收敛速度。通过标记迭代的总数为 iter，算法计算复杂度可以表示为 $O(\text{iter}\cdot NML\cdot K^3)$，其中 N、M 和 L 代表输入张量 $\boldsymbol{T}$ 的维度，K 表示分解过程中设定的秩。

在实际应用中，较低的秩 K 通常即可以达到满意的效果。并且在图 7-7 中切

片的两个维度(M 为概念数,N 为图像数)比切片的数量 L 往往小得多。因此,计算复杂度可以被简化为 $O(\text{iter} \cdot L)$。在本章的实验中,对 $\boldsymbol{U}^{(1)}$、$\boldsymbol{U}^{(2)}$ 及 $\boldsymbol{U}^{(3)}$ 的更新步骤只需要几十次迭代就可以获得令人满意的近似结果。因此,实验中可以经验地设置 iter=100,在这种情况下在普通桌面计算机上需要大约 3 分钟来完成概念探测的增强。

7.4 实验和评估

在该部分实验中,同样采用不同精度等级的数据集对概念探测增强算法进行评估。虽然拥有共享、公开的传感行为记录数据集和对应的估值指标有利于不同方法间进行直接的比较,但是共享的个人行为数据对个人隐私和数据所有权来说都有不同程度的挑战,这是因为个人行为记录从定义上来讲本身就是私人所有的。目前仍缺乏公开的、可共享使用的个人生活行为记录数据集,以提供给不同的团队用于解决共同的技术问题,我们希望这种情况尽快改变。

尽管 SenseCam 上拥有在线运动传感器,佩戴者的运动仍然会导致一些捕捉到的图像具有较低的画面质量。为了解决这个问题,这些低质量的图像会根据一种融合对比度(Contrast)和显著性(Saliency)的方法来进行过滤。这种过滤方法在之前工作[19-20]中用于选择高质量日常行为事件的视觉表示,其有效性得到了验证。本章采用了本章文献[3]中使用的相同数据集进行实验评估,该数据集包括 12248 张视觉传感图像作为行为记录,并包含 23 种日常行为类型,如表 4-2 所示。虽然人类日常生活中存在大量不同类型的活动,然而只有那些高频率的和花费更多时间的活动才可能对辅助独立生活(Independent Living)、肥胖成因分析、慢性疾病诊断之类的应用存在更高的价值。这些行为活动在应用概念语义进行复杂任务的自动识别研究中很有价值,有利于获得更深入的研究结论。在选择表 4-2 所示的 23 种目标行为类型的过程中,考虑了时间显著性、一般性、高频性等标准,以确保这些活动能够共同覆盖一天中所花费的大部分时间,并且这些行为对于更大范围的个体或者不同年龄段的成员都普遍适用[21]。

为了实现这个目标,实验招募了 4 个参与者,且具有不同的人口学(Demographic)背景,其中包括老人和年轻的研究人员。在这些参与者中,一个较老的参与者从职业治疗师(Occupational Therapist)的角度来看在家务活动和社会活动方面具有能力缺陷。这种参与者选择的方法有助于测试算法是否适用于一组多样化的实验对象。所有的实验对象都连续佩戴 SenseCam 超过 7 天,这使得他们能够克服最初的适应性和舒适性问题,并保证了收集的数据能更好地反映他们的生活模式,且获得的活动样本具有足够的视觉多样性。例如,在数据集中获得在家或者在外面“吃饭”的样本,在街道或者郊外“走路”的样本等,这种样本的多样性特点可以验证所介绍的方法能够适应不同场景和地点。更多关于本章使用的数据来源的细节可以查阅本章文献[3]。

对于概念探测实现方法的详细研究超出了本章的讨论范围，受本章文献[3]启发，本章同样根据真实的概念标注数据通过模拟的方法获得不同精度的概念探测结果，并用于事件识别。这样做的目的是将研究重点聚焦在行为识别而不是概念探测上。除此之外，本章节中提出的概念探测增强的方法独立于特定的概念探测方法。因此，这种在更一般意义上以及不同精度的概念探测结果上的评估，可以进一步反映所提出算法在概念和行为识别两方面的提升。类似于本章文献[22]中的介绍，概念探测模拟方法的细节在本章文献[3]中同样进行过详细描述。

7.4.1 实验数据集

为了充分利用数据集中的活动样本，实验中将每一个正样本以 50∶50 的比例分解为两个样本分别用来做训练和测试。因为评估需要足够多的正样本，实验选取了 16 个行为类型(见图 7-8)进行验证，且每一个类型都有超过 5 个正样本用作训练和测试。这些行为类型及对应的样本的数目和包含图像数量如表 7-1 所示。最终，形成了由不同长度视觉传感图像流组成的 250 个训练样本和 250 个测试样本用来进行实验评估。

彩图 7-8

图 7-8 典型的行为样本

表 7-1　行为分类实验数据集概括

类型	Eating	Drinking	Cooking	Cleaning
样本数	28	15	9	21
图像数	1484	188	619	411
类型	Watch TV	Child Care	Food shopping	General shopping
样本数	11	19	13	7
图像数	285	846	633	359
类型	Reading	Driving	Using phone	Taking bus
样本数	22	20	12	9
图像数	835	1047	393	526
类型	Walking	Presentation (listen to)	Use computer	Talking
样本数	19	11	17	17
图像数	672	644	851	704

1. 准确的概念标注

准确的概念标注意味着在事件每个图像上的概念标注结果是不存在错误的。这是通过对实验数据集进行表 4-4 中的 85 个概念标注来完成的。为有效进行标注，开发了概念标注的软件工具，以方便标注用户查看 SenseCam 图像并判断概念是否存在。标注过程中保留了时序关系，并向标注用户提供同一事件中的一系列 SenseCam 图像。这种方式提高了标注效率，用户只需选择图像正样本，而未选择的图像自动标记为负样本。因此，一组图像只需多次单击鼠标即可完成标注，为单个概念标注整个事件也是非常高效的。

2. 不准确的概念标注

为了在存在错误的概念自动探测结果上充分评估算法，实验中在人工标注结果基础上，通过仿真的方式人为控制了概念探测的精度。这种仿真方法在本章文献[22]中得到了应用，并采用蒙特卡洛方法生成了概念探测的不同精度结果。

这种仿真方法对概念探测的置信度值输出结果采用两个高斯概率模型进行近似。也就是说，概念的正类和负类的概率密度由高斯分布来仿真。概念探测的性能进而通过修改模型的参数来控制[22]。这种方法也假设从单个媒体对象如一个镜头中得到的不同探测器的置信度值是相互独立的。全部概念都假设正类共用均值 μ_1 和标准差 σ_1，而负类则共用均值 μ_0 和标准差 σ_0。从而概念探测的性能由两个概率密度曲线下相互交叉的区域所影响，这两个曲线的形状可以通过改变单类概念探测器的均值和标准差来控制。

对该仿真过程的实施包括如下过程：首先，为概念的正负两类分别仿真概念探测器的置信度观察 $N(\mu_1,\sigma_1)$ 和 $N(\mu_0,\sigma_0)$。对概念 C 的先验概率 $P(C)$ 可以从标注集合得到。然后，采用式(7-23)中的 S 形函数为指定数量的训练样本拟合后验概率函数。

$$P(C|o)=\frac{1}{1+\exp(Ao+B)} \tag{7-23}$$

在参数 A 和 B 被确定之后，可以采用 S 形函数为每个镜头返回概念的后验概率，其中随机的置信度值 o 从对应的正态分布获得。关于仿真方法更详细的描述可以参阅本章文献[22]和[23]。

在实验中为构建不准确的概念探测器，基于表 7-1 所描述的真实标注，采用仿真的方法修改概念探测的性能。对表 7-1 中每一幅图像都为概念集合中的每一个概念标注了是否出现在图像中。在仿真过程中，我们固定了两个标准差和负类的均值。正类的均值在[0.5,10.0]内变化以调整两个正态分布曲线的相交区域，从而改变概念探测的性能。对于每种参数的设置，实验均执行了 20 次运行以避免偶然表现，最终计算了平均的概念探测 MAP 和平均的行为识别 MAP。

7.4.2 基于 WNTF 的概念探测增强评估

类似于 5.4.1 节的实验，将概念在传感图像中出现的后验概率作为仿真结果输出，并在实验中作为原始概念探测的置信度值。对于每一个 μ_1 赋值，在每一次仿真运行中都分别进行了训练和测试两个步骤。对于每一个参数设置，实验进行 20 次重复的仿真运行，并计算得到概念 MAP 在 20 次运行中的平均值用于评估概念探测的改进。图 7-9 中绘制了不同的 μ_1 配置下运行 20 次仿真后得到的概念 MAP(初始值)的平均值。在生成图 7-9 的过程中，其他三个参数被设定为固定值，分别为 $\sigma_0=1.0$，$\sigma_1=1.0$，$\mu_0=0.0$。实验中从 0.5 到 10.0 按步长 0.5 依次增加词汇中每个概念的正类均值 μ_1。图 7-9 中显示，随着 μ_1 的增加 MAP 有逐渐增长的趋势，并且当 $\mu_1 \geqslant 5.5$ 时已经非常接近理想的效果。

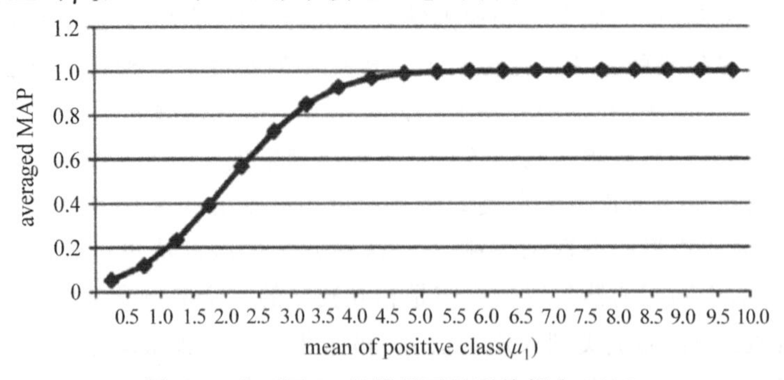

图 7-9 在不同 μ_1 值设置下的平均概念 MAP

在运行上述介绍的解决方案时，首先应用了 7.3.1 节描述的概念探测增强算法。图 7-10 展示了应用 WNTF 后对不同原始概念探测精度(即 μ_1 设置)得到的概念探测增强结果。在图中基于 WNTF 的增强方法($K=50$，thres$=0.3$)在正类的均值 μ_1 从 0.5 增加至 5.0 的范围中都显著提升了原始概念探测的结果。在式(7-14)中的融合参数被简单设置为 $\alpha=0.5$，即对两个张量设置同等的权重。当 $\mu_1=0.5$时表现不是很满意的原因是初始的概念探测精度太低。在图 7-9 中，$\mu_1=0.5$ 时整体 MAP 都接近于 0。在这种情况下，没有正确可靠的概念探测结果可以被挑选和利用，这在实际应用中是不现实的。相反，当最初的概念探测结果足够好，例如在图 7-9 中 $\mu_1\geqslant 4.5$ 时，提升探测精度的空间同样很小，因此在这种情况下概念探测增强的效果同样不很明显。

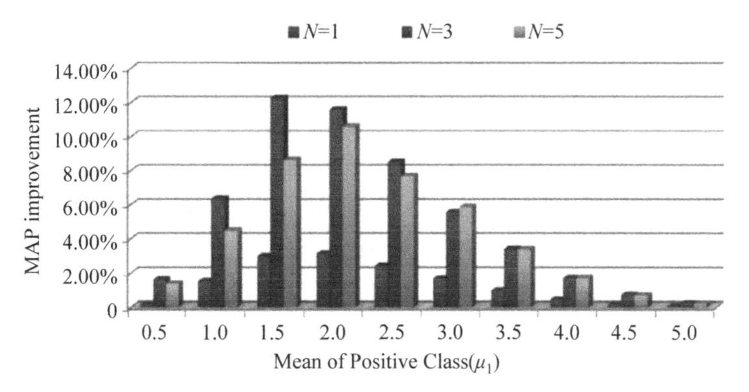

彩图 7-10

图 7-10　基于 WNTF 的概念探测增强结果

为了强调时间特征在概念探测增强中的重要性，对三种不同参数设置 $N=1$、$N=3$、$N=5$ 的情况下的结果在图 7-10 中进行了展示。当 $N=1$ 时，由式(7-13)形式化的分解问题实际上等价于加权非负张量分解(WNMF)，在这种情况下事件分割中的时间信息和不同事件的特征很难被模型捕捉。这解释了为什么 $N=1$ 时的增强效果被基于 WNTF 的时间感知方法(如 $N=3$、$N=5$)大大超越。这表明所介绍的时间感知方法可以通过引入事件分割的一个额外维度(如图 7-7 中的切片)，把概念探测结果表示为一个三维张量，从而保留本地的时间约束。

7.4.3　基于 HMM 的日常行为识别评估

1. 在准确概念标注上的评估

在 7.2.1 节中介绍过，对参数 k 和 M 的选择将影响算法的执行效果。在本实验中，我们评估了不同参数设置条件下最终的分类结果。参数 k 和 M 用于 MAP 调整的搜索图如图 7-11 所示，图中采用了三个状态的 HMM 模型。

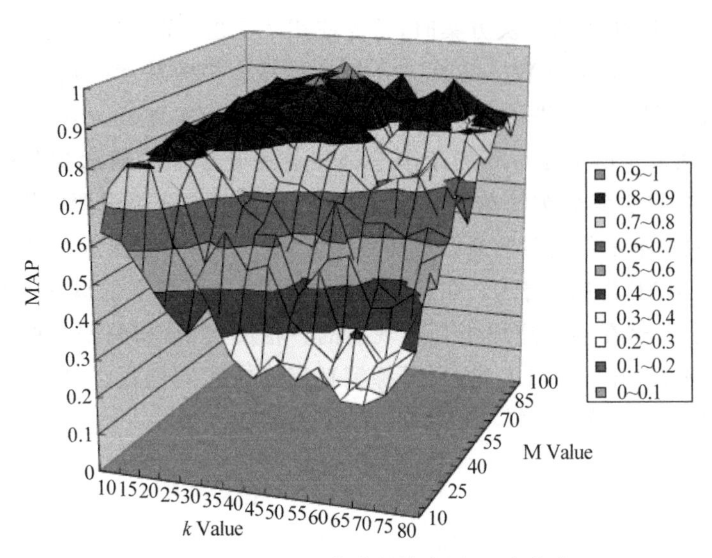

彩图 7-11

图 7-11 用于 MAP 优化的搜索图(三个状态)

该搜索图的形成通过在[10,80]和[10,100]之间分别调整 k 和 M 的值得到。最佳表现(MAP≥0.9)出现在 k 和 M 取值为[30,50]和[80,100]之间。当 k 值增加,M 值也需要相应增加以获得更好的性能。最糟糕的情况出现在选择较大 k 值和较小 M 值时,这时从概念空间中引入了更多的“噪声”,并且词汇聚类方法不能适应于这种“噪声”。情况在 k 取值足够小时得到改善,例如 $k=20$,在这种情况下对大多数 M 值的选择都得到了 MAP 大于 0.8 的结果。同时,较大 M 值的选择对于 k 值的选择也是一种弥补。虽然最佳的情况位于 k 在[30,50]内,当 M 的值足够大时($M\geqslant 90$),多数 MAP 仍能保持在一个比较满意的水平。选择其他状态个数也能得到类似的规律。

在参数训练过程中,分别对概念空间的维度和词汇规模的不同设置进行了对比,最终选择了 $k=35$ 和 $M=80$ 用于后续分析。对不同数量的隐含状态分别运行了 5 次实验,按照平均 MAP 所体现出的综合性能来选择最终的状态数量。通过实验发现,两个隐含状态获得了最高的综合性能,因此应用在后续 HMM 模型中。由于每个 HMM 模型返回观察序列的似然值,对行为的识别可以通过选择对输入观察具有最高似然值的行为类型作为结果。表 7-2 列出了对不同类型行为的评估结果。

在这 16 类行为中,“开车”“购买食物”“听讲座”和“用电脑”的识别具有最高的精度。其他行为如“阅读”“乘公交”“用手机”“走路”和“看电视”的 F-Score 值在 0.90 以上。从表 7-2 反映出的统计信息可以看出,最佳的表现出现在 SenseCam 图像的视觉相似度比较高的行为中。由图像视觉特征所反映出来的概念的稳定性使得对这些行为比较容易识别。而对于具有更高概念多样性的行为,如“照顾小孩”

表 7-2　事件分类结果

行为类型	Precision	Recall	F-Score
照顾小孩	0.68	1.00	0.81
打扫	0.86	0.86	0.86
做饭	0.80	0.89	0.84
喝	0.75	0.80	0.77
开车	1.00	1.00	1.00
吃	0.95	0.75	0.84
购买食物	1.00	1.00	1.00
一般购物	0.86	0.86	0.86
听讲座	1.00	1.00	1.00
阅读	1.00	0.95	0.98
乘公交	1.00	0.89	0.95
谈话	0.85	0.65	0.73
用电脑	1.00	1.00	1.00
用手机	0.92	1.00	0.96
走路	1.00	0.82	0.90
看电视	1.00	0.82	0.90

“做饭”“谈话”等，整体精度有所下降但仍然保持在可以接受的水平。仅仅“谈话”和“喝”的 F-Score 值低于 0.80。需要说明的是，相似的概念动态同样会带来行为的误分类，例如“喝”和“吃”。在评估中，15 个“喝”样本中有 1 个被识别为“吃”，而 28 个“吃”样本中有 3 个被分类为“喝”行为。从表 7-2 中，我们发现“谈话”具有最低的查到率 0.65。由于频繁出现相似概念的缘故，如“人脸”“手势”等，17 个“谈话”样本中有 6 个被错误地分类为“喝”(1 个)、“一般购物”(1 个)、“走路”(3 个)和“照顾小孩”(1 个)。这些概念同样也是对“谈话”行为识别的重要依据，并且在其他行为中频繁出现。这些例子也表明了行为和概念之间映射的模糊对最终行为分类性能的影响。即使表 7-2 中的结果是基于准确的概念标注得到的，行为识别的精度也不是完美的。这是因为从概念到行为的映射仍然是存在模糊的，尤其是对于“打扫”“做饭”“喝”“吃”等行为。当对特定概念的识别是确切的行为线索时，对这些行为的识别性能会很高。例如，概念“方向盘”的识别对“开车”行为的不确定性较低，因此基于“方向盘”和其他概念进行“开车”行为识别的精度较高。

2. 在不准确概念标注上的评估

对于每次仿真运行，仿真得到的概念标注结果首先用 LSA 进行分析，然后映射到一个具有较低维度 $k=35$ 的新概念空间。而后采用矢量量化的方法，在新的空间中通过 k 均值聚类算法将每幅 SenseCam 图像表示为所构建词汇中的一个观察。矢量量化之后，最初由 85 维概念向量所表示的 SenseCam 图像被索引为聚类的编号。这一步中，我们仍然选择 $M=80$ 并在新的概念空间中得到 80 个聚类。观察结果的动态规律由 HMM 所建模，该模型的参数采用 7.2.1 节描述的过程来训练。关于训练集和测试集的介绍在前面已经给出。

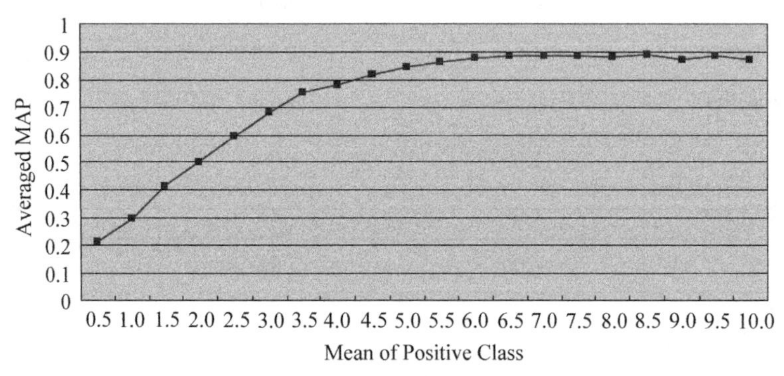

图 7-12 在不同正类均值下平均行为 MAP

图 7-12 中绘制了平均行为识别 MAP 随 μ_1 值变化的曲线。其中，横轴与图 7-9 的横轴具有相同含义，而纵轴表示对 20 次仿真运行得到的平均行为识别 MAP。从图上可以看出，行为识别的性能随着概念探测性能的提高而逐渐增长。值得注意的是，行为识别的性能并没有在概念探测 MAP 很低的时候剧烈下降。行为识别 MAP 的平滑变化表明了这种动态建模方法对自动概念探测所引入的错误具有一定的容错能力。

7.4.4 基于 HMM 费舍尔核行为识别评估

为了评估前面介绍的基于 HMM 费舍尔核的行为识别算法，本节运用 7.4.1 节中不同精度的语义概念探测结果进行了全面的实验评估。本实验评估同样采用了前面的 16 个日常活动类型，这些行为活动具有时间显著性、一般性、高频性等特征，可以用来支持辅助独立生活、肥胖症分析、慢性病检测等一类应用。

由于实验需要验证语义概念探测精度对行为活动识别的影响，根据前期的工作[3,22]，该实验同样对概念探测的原始结果在人工真实标注的结果上通过模拟得到。通过在完全精确的人工标注结果上模拟精度降级的结果，可以控制概念探测精率的等级。这样可以进行全方位的比较实验并客观评估这种分类方法,并验证其在接近现实情况下的表现。在这个实验中,85 个概念的探测结果也是通过改变控制参数 μ_1 来进行模拟的。关于控制参数的介绍在 7.4.1 节有详细描述。

为了评估费舍尔核在分类器中的作用,实验对比了两种最广泛使用的分类器:支持向量机(SVM)和 k 最近邻方法(KNN)。

实验中采用本章文献[3]基于 HMM 的生成方法当作基线方法进行比较。首先对每个行为活动类别训练其对应的 HMM,然后将每个类别的后验概率的对数似然性表示(Log-Likelihood)连接成一个向量。本实验采用带有线性核的 LibSVM[24] 实现来实施支持向量机在对数似然性表示向量上的分类。

对于 k 最近邻分类器,采用欧几里得相似度在动态时间规整(Dynamic Time Warping,DTW)中对行为活动样本间距离进行量化,即返回对应图像样本点之间距离之和最小化得到的量化结果。正如之前指出,人类活动的持续时长自然会随不同行为类型和样本差异而变化,采用动态时间规整就是要对这些长度不一的时间序列执行时序对齐(Temporal Alignment)的过程。

由生成模型如隐马尔可夫方法得到的梯度表示非常接近于 0,由此得到的费舍尔核往往会引起次优(Sub-Optimal)的问题。为了缓解这个问题,实验中应用本章文献[14]中提出的模型参数学习方法来训练模型,从而使相同类别的样本将会比其他类样本具有更加相似的梯度。接着,将得到的费舍尔核输入到支持向量机中进行活动分类。为了简化计算,在实验应用中使用单位矩阵来近似费舍尔信息矩阵 $\boldsymbol{I}_F$。

表 7-3 中列出了各种方法在不同概念探测准确度下的行为分类精度。其中,对于对数似然度(HMM+SVM)和费舍尔核(FK+SVM)的分类方法,它们的生成模型由包含二态遍历(Two-State Ergodic)的隐马尔可夫模型来获得,以刻画概念出现的序列。根据本章文献[3],实验应用隐含语义分析根据概念出现的上下文相关性将原始属性空间映射到更紧凑的 35 维空间。实验在 HMM 中采用具有全协方差矩阵(Full Covariance Matrices)的多元高斯扩散概率(Multivariate Gaussian Emission Probabilities)来刻画高维特征。

表 7-3　不同概念探测精度下行为识别方法精度对比(百分比)

方　法	概念探测性能(MAP)			
	0.095	0.157	0.265	0.412
DWT+KNN	10.0±1.7	20.8±2.8	40.1±6.4	59.1±2.6
HMM+SVM	26.2±2.2	65.2±1.6	69.8±1.8	77.4±2.1
FK+SVM	50.0±2.8	72.7±2.2	80.6±2.6	85.1±1.5
	0.580	0.731	0.848	0.925

续表

方　　法	概念探测性能(MAP)			
	0.095	0.157	0.265	0.412
DWT+KNN	73.5±4.8	81.3±2.8	85.8±1.7	89.1±0.8
HMM+SVM	82.1±3.1	85.1±1.6	85.9±1.5	86.6±1.2
FK+SVM	86.1±2.6	87.6±0.3	90.2±2.0	89.2±0.8

如表 7-3 所示，基于费舍尔核的分类方式在各种概念探测的精度下都明显超过基线方法。特别是在概念探测的精度不高时(如 MAP<0.5，依据 TRECVid 基准[5]更符合实际情况)，所提出的方法相比基线方法在多数情况下的表现都超过了10%。这表明这种方法可以将概念出现的动态特征编码为更有判别性的特征。这在可穿戴式视觉传感的应用中尤为重要，因为在大部分情况下由于视觉多样性、用户移动导致的图像模糊等情况下，概念探测的结果往往具有很大噪声因而准确性较低。这种方法对行为类型的区分能力同样在图 7-13 中有所表现。在图 7-13 中对应两个图采用的分类特征都是由 HMM 提取的，且在同一概念探测精度 MAP(0.157)的情况下进行对比。采用 HMM 的对数似然度进行分类时有更多的样本被错误进行了分类，因此获得的识别准确率较低(平均精度为 65.2%)，而将费舍尔核与支持向量机方法结合后获得了更高的准确率(平均精度为 72.7%)。

彩图 7-13

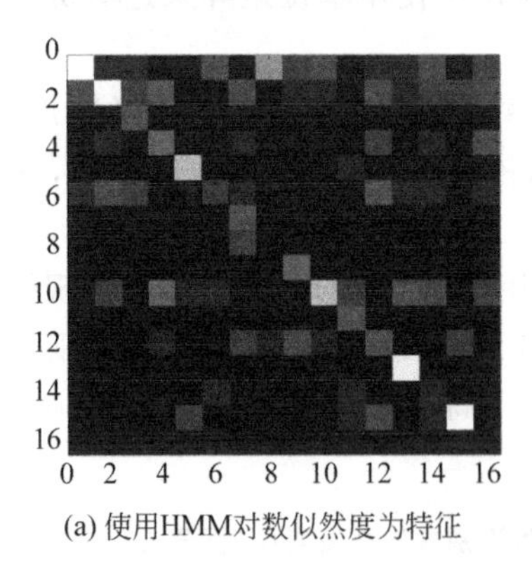

(a) 使用HMM对数似然度为特征

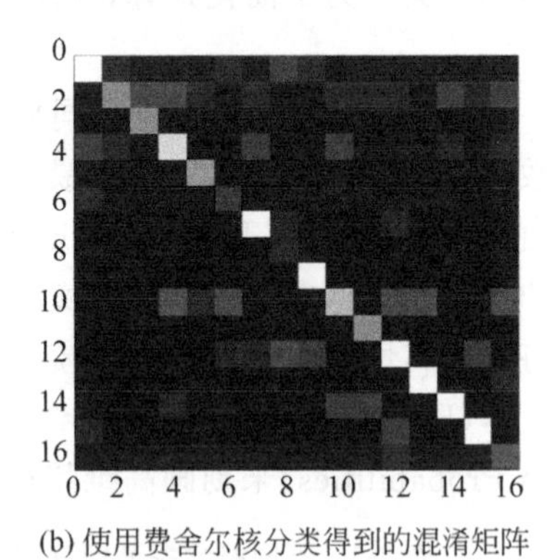

(b) 使用费舍尔核分类得到的混淆矩阵

图 7-13　算法的区分度对比

除了在表 7-3 中使用两个隐含状态的结果，表 7-4 列举了分别使用 5、10、20 个隐含状态下所提出费舍尔核方法的结果。从表 7-4 看出，在不同数量的隐含状态下，同样可以得到与两个状态相类似的结果，这反映了基于费舍尔核的行为分类方法的鲁棒性。

表 7-4　FK+SVM 方法在不同数量隐含状态下的表现

MAP	隐含状态		
	5	10	20
0.095	0.50	0.50	0.50
0.157	0.72	0.73	0.75
0.265	0.81	0.82	0.84
0.412	0.87	0.88	0.89
0.580	0.90	0.91	0.93
0.731	0.92	0.93	0.95
0.848	0.93	0.95	0.96
0.925	0.94	0.95	0.97

7.4.5　基于 HCRF 行为识别评估

总的来说，对视觉传感记录的行为进行基于概念的识别是一个相对较新的研究主题。本章文献[3]应用了 HMM 对概念的动态进行建模，并且表明了该方法在活动建模上的有效性。本实验对前面介绍的 HCRF 方法和基于 HMM 的算法（作为基线方法）进行了对比。

在每一个视觉传感的行为数据流里，本节根据概念的动态出现模式应用了 HCRF 模型并根据增强后的概念探测结果来识别不同的行为活动种类。这里采用判别方法来决定分类的结果，即对每一个测试序列，对 HCRF 模型返回的序列属于正类还是负类的可能性进行比较，选择最高的所属类别作为个人行为识别的结果。

由于在本章文献[3]中测试发现两个隐含状态达到最佳的识别效果，为了客观比较起见，本实验同样应用了两个隐含状态去训练所提出的 HCRF 方法和基线方法。

在图 7-14 中，依据不同的初始概念探测精度列出了四分位数（Quartile）的比较结果，该初始概念探测精度由参数 μ_1 进行控制，即正类分布的均值。每一个四分位数根据 16 个活动种类的识别结果生成，反映了 20 次重复运行的整体表现。从图 7-14 中可以发现在不同的初始概念探测精度下 HCRF 方法的中位数都高于基线方法。当初始的概念探测精度较低时，如 $\mu_1=0.5$ 或 $\mu_1=1.0$，HCRF 方法的第一个四分位甚至都位于基线方法的中位数之上。在 $\mu_1=0.5$ 时，HCRF 方法得到的结果中有 75%比基线方法要高。这表明该方法相比于基线方法能够更好地适应于低精度的概念探测结果。在图 7-14 中，两种方法都在增大参数 μ_1 时（提升概念探测精度）会表现得更好。然而，HCRF 方法表现出更加稳定的趋势并且相对于基线方法得到的结果具有更小的方差。

彩图 7-14

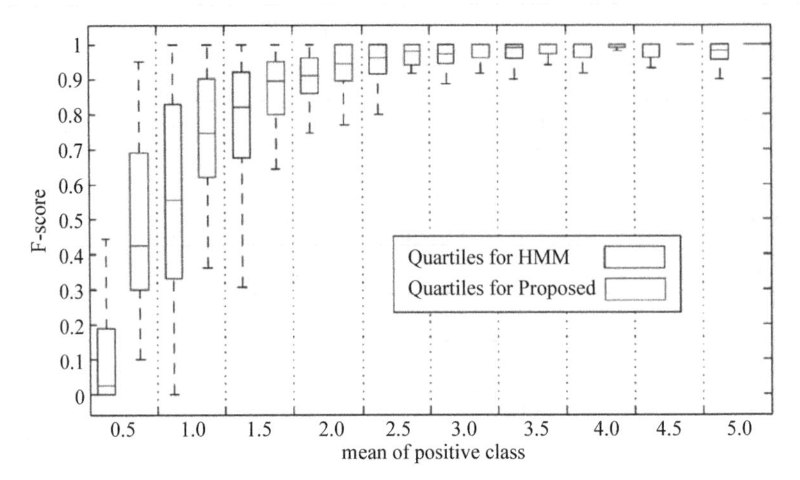

图 7-14 所提出的 HCRF 方法与基线方法的 F-Score 比较

从对表 7-5 的分析也可以得到相似的结论，即在概念探测结果精度较低时 HCRF 方法比基线方法表现更出色。这与图 7-14 得到的结论一致。虽然两种方法随着原始概念探测的精度提高(如 $\mu_1 \geqslant 2.0$ 时)会逐渐趋于获得相近的行为识别精度，但是 HCRF 方法在较差的概念探测精度上表现出更明显的优势。

表 7-5 在不同概念探测精度下的精度对比

具体方法	$\mu_1=0.5$	$\mu_1=1.0$	$\mu_1=1.5$	$\mu_1=2.0$	$\mu_1=2.5$	$\mu_1=3.0$
基线方法	89.5%	94.7%	97.5%	98.8%	99.3%	99.5%
HCRF 方法	94.4%	97.3%	98.5%	99.1%	99.1%	99.6%

在表 7-6 中，对不同概念探测精度下单个行为识别的 F-Score 结果进行比较，且采用了 7.3.1 节基于 WNTF 的概念探测增强前后的结果做了对比。从表 7-6 中可以看出，提出的行为识别方法在大部分行为类型上使用概念探测增强后的结果要优于原始的、未经增强的结果。由于更多概念可能在一些行为中作为干扰出现，如“做饭”“喝”“一般购物”“谈话”等行为的分类效果在两种方法中相对而言都不太令人满意。由于像“做饭”“一般购物”“谈话”等行为中参与者的运动特性，以及执行环境的变化，通常有大量的概念出现在这些行为的图像流中，而这些概念对于行为分类缺少足够的区分能力。对于“喝”这一行为，诸如“水杯”“桌子”“手”等概念的出现导致一些样本被错误识别为“吃”。在这种意义上，对行为分类具有较低区分度的概念可以认为是噪声概念。这一现象与本章文献[3]中得到的结果具有很强的一致性，这些行为在实验中均得到了更低的 F-Score 值，这种情况甚至在使用人工标注的概念结果进行行为识别时同样不可避免。

表 7-6　在不同概念探测精度下单个行为识别精度对比

活动类型	非增强		增强后	
	$\mu_1=1.0$	$\mu_1=2.0$	$\mu_1=1.0$	$\mu_1=2.0$
照顾小孩	67.2%	85.0%	67.6%	96.8%
打扫	67.9%	88.1%	72.6%	90.3%
做饭	67.6%	86.7%	65.2%	79.5%
喝	55.5%	86.0%	60.5%	89.0%
开车	98.5%	99.0%	98.4%	99.5%
吃	91.7%	98.9%	93.6%	98.6%
购买食物	74.6%	90.9%	65.2%	92.4%
一般购物	23.6%	58.0%	36.1%	77.9%
听讲座	93.9%	95.4%	95.1%	95.4%
阅读	66.8%	76.8%	68.7%	94.0%
乘公交	88.9%	97.6%	91.1%	98.8%
谈话	56.9%	90.6%	68.6%	91.0%
用电脑	89.6%	98.2%	92.5%	99.4%
用手机	72.0%	95.6%	73.9%	95.5%
走路	75.0%	90.5%	78.9%	86.0%
看电视	63.0%	88.8%	62.0%	92.5%

然而,使用增强后的概念探测结果进行的行为识别仍然在大部分行为类别上优于没有进行概念探测增强的方法,反映了这种方法在进行行为语义刻画中的优势。例如,“人脸”概念在 $\mu_1=1.0$ 和 $\mu_1=2.0$ 时的探测精度分别提高了 9.1%和 6.7%,从而使得对“谈话”行为有更好的识别。类似地,“天空”和“道路”概念在 $\mu_1=1.0$时通过 WNTF 的方法分别提高了 17.6% 和 15.2%,因此提升了“行走”这一行为的识别准确度。在 $\mu_1=2.0$ 时,一些概念的识别精度得到了很大的提升,如“显示器”(23.1%)、“屏幕”(15.2%)、“报纸”(17.7%)、“架子”(21.6%)等。这些概念可以更好地解释“看电视”“用电脑”“阅读”“一般购物”等行为。

图 7-15 列举了一些行为识别的结果,并对于每一个行为类型都以返回的排序对样本进行可视化。图 7-15 中对于每一个样例都选择了其中的一帧图像为代表对该行为进行可视化。图 7-15 (a)中对“谈话”事件返回了所提出的方法采用了概念探测增强前后($\mu_1=1.0$)的前 10 个结果。图 7-15 (a)中第一行前 10 个返回样本准确度都较高,反映了该方法对行为语义的刻画能力。在应用索引增强算法后,由于获得了更好的概念探测结果,如“人脸”等,算法返回了更多的正确样品((a)的第

一行)。图 7-15(b)也说明了类似的结果,其中更多"阅读"行为的样品在使用概念探测增强后被正确返回。在这种情况下,概念"报纸"的识别被进一步增强,这有助于更好地识别"阅读"行为。有趣的是,本章提出的行为增强识别方法也可以提供原本没有包含在人工标注结果中的更多语义。在图 7-15(c),一个行为样本(红色虚线高亮显示)由于其图像流中频繁出现了"婴儿车"而被标注为"照顾小孩"。然而,我们的方法将该样本识别为"走路",这帮助我们意识到参与者事实上是推着宝宝在花园里散步。对于"吃"和"喝"等语义非常相似的行为,"水杯""玻璃杯""桌子"等概念在二者中都经常发生,因此对这些行为的识别会遇到更多的困难。在图 7-15(d)中以"喝"为例,在使用索引增强前后的行为识别结果都错误地将部分"吃"的样本返回,这是因为这些概念缺乏对两种行为的区分能力。

(a) Top 10 results for activity"talking"@μ_1=1.0(first row: with enhancement)

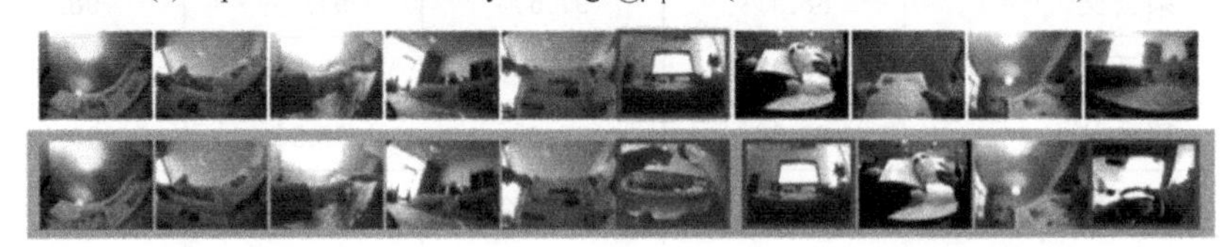

(b) Top 10 results for activity"reading"@μ_1=2.0(first row: with enhancement)

彩图 7-15

(c) Top 5 results for activity"walking"@μ_1=1.0(left: with enhancement)

(d) Top 10 results for activity"drinking"@μ_1=1.0(first row: with enhancement)

图 7-15　算法返回结果的实例可视化结果

注:(a)～(d)分别表示对"谈话""阅读""走路"和"喝"行为输出的最靠前样本的关键帧。错误的样本用红色实线边框突出显示。

7.5　本章小结

本章详细介绍了对概念探测的结果(即自动提取的语义属性)在时间维度上进行分析,以解决概念索引增强和时间序列识别的研究问题。本章提出了基于加权非负张量分解的方法，充分利用行为演进过程中概念重复出现和同时出现等上下文规律对概念索引进行增强。通过该算法，一部分原本精度较高的探测结果被用来对精度较低的结果按照上下文出现规律进行调整。本章还讨论了对概念属性进行时序建模的方法，分别验证了基于 HMM、基于费舍尔核、基于隐条件随机场的行为识别算法。实验不但验证了基于加权非负张量分解的增强算法的有效性，还将增强结果和时序识别相结合，表明最终的识别结果可以有效提供对日常行为的语义分析。

参考文献

[1] Gurrin C, Smeaton A F, Doherty A R. LifeLogging: Personal Big Data[M]. Foundations and Trends in Information Retrieval, 2014, 8(1): 1-125.

[2] Wang P, Smeaton A F, Gurrin C. Factorizing time-aware multi-way tensors for enhancing semantic wearable sensing: Proceedings of the International Conference on Multimedia Modeling[C]. Cham: Springer, 2015.

[3] Wang P, Smeaton A F. Using visual lifelogs to automatically characterize everyday activities[J]. Information Sciences, 2013, 230: 147-161.

[4] Bhattacharya S, Kalayeh M, Sukthankar R, et al. Recognition of complex events: Exploiting temporal dynamics between underlying concepts: Proceedings of the IEEE Conference on Computer Vision and Pattern Recognition[C]. [S.l.]: IEEE, 2014.

[5] Smeaton A F, Over P, Kraaij W. High level feature detection from video in TRECVid: a 5-year retrospective of achievements [M]//Divakaran A. Multimedia Content Analysis: Theory and Applications. [S.l.]: Springer US, 2009: 151-174.

[6] Byrne D, Doherty AR, Snoek C G M, et al. Everyday concept detection in visual lifelogs: validation, relationships and trends[J]. Multimedia Tools and Applications, 2010, 49(1): 119-144.

[7] Doherty A R, Caprani N, Conaire C, et al. Passively recognising human activities through lifelogging[J]. Computers in Human Behavior, 2011, 27: 1948-1958.

[8] Lee H, Smeaton A F, O'Connor N E, et al. Constructing a SenseCam visual diary as a media process[J]. Multimedia Systems, 2008, 14(6): 341-349.

[9] Sun C, Nevatia R. ACTIVE: activity concept transitions in video event classification: Proceedings of the IEEE International Conference on Computer Vision [C]. [S. l.]: IEEE, 2013.

[10] Deerwester S, Dumais S T, Furnas G W, et al. Indexing by latent semantic analysis[J]. Journal of the American Society for Information Science, 1990, 41(6): 391-407.

[11] Landauer T K, Foltz P W, Laham D. An introduction to latent semantic analysis[J]. Discourse Processes, 1998, (25): 259-284.

[12] Rabiner L R. A tutorial on hidden markov models and selected applications in speech

recognition[M]//Waibel A, Lee K F. Readings in speech recognition. San Francisco: Morgan Kaufmann, 1990: 267-296.

[13] Jaakkola T S, Haussler D. Exploiting generative models in discriminative classifiers: Proceedings of the Conference on Advances in Neural Information Processing Systems [C]. Cambridge: MIT Press, 1999.

[14] Maaten L. Learning discriminative fisher kernels: Proceedings of the 28th International Conference on Machine Learning[C]. Madison: Omnipress, 2011.

[15] Quattoni A, Wang S, Morency L P, et al. Hidden conditional random fields[J]. IEEE Transactions on Pattern Analysis and Machine Intelligence, 2007, 29(10): 1848-1852.

[16] Kennedy L S, Chang S F. A reranking approach for context-based concept fusion in video indexing and retrieval: Proceedings of the 6th ACM International Conference on Image and Video Retrieval[C]. New York: ACM, 2007.

[17] Lee D, Seung H. Learning the parts of objects by non-negative matrix factorization[J]. Nature, 1999, 401: 788-791.

[18] Shashua A, Hazan T. Non-negative tensor factorization with applications to statistics and computer vision: Proceedings of the International Conference on Machine Learning[C]. New York: ACM, 2005.

[19] Doherty A R, Byrne D, Smeaton A F, et al. Investigating keyframe selection methods in the novel domain of passively captured visual lifelogs: Proceedings of the 2008 International Conference on Content-based Image and Video Retrieval[C]. New York: ACM, 2008.

[20] Wang P, Smeaton A F. Aggregating semantic concepts for event representation in lifelogging: Proceedings of the International Workshop on Semantic Web Information Management[C]. New York: ACM, 2011.

[21] Wang P, Smeaton A F. Semantics-based selection of everyday concepts in visual lifelogging[J]. International Journal of Multimedia Information Retrieval, 2012, 1(2): 87-101.

[22] Aly R, Hiemstra D, Jong F, et al. Simulating the future of concept-based video retrieval under improved detector performance[J]. Multimedia Tools and Applications, 2012, 60: 203-231.

[23] Aly R, Hiemstra D. Concept detectors: How good is good enough?: Proceedings of the 17th ACM International Conference on Multimedia[C]. New York: ACM, 2009.

第 8 章　概念驱动的行为识别影响要素分析

目前多媒体内容理解的一项研究工作是从图像或视频中获得其中出现的一些概念，这些概念大多与图像或独立帧中出现的物体有关。然而，很多研究仍然需要从更复杂的行为或事件中识别一些与时间特征有关的语义，这就需要从可视媒体中提取简单的概念并对这些概念的出现模式等时间特征进行识别。虽然这种基于概念属性的事件识别方法的有效性在本书第 7 章及相关文献中得到了验证，但当前采用的概念集合往往相对固定，并且在相关文献中均采用特定精度的概念识别结果，因此存在如下研究问题需要解决：什么样的概念探测精度对时间序列识别更加有效？同样的行为识别方法对不同精度的概念探测结果会有什么样的适应性？在构建基于概念属性的事件或行为识别算法时需要考虑哪些影响因素？在本章内容中，我们构建了量化实验对上述问题进行研究。实验结果表明，尽管提高概念探测的精度可以提高时间序列的识别结果，但是概念探测的精度在不需要特别精确的情况下足以对时间序列的动态演化过程进行建模，这就需要选择合适的序列识别方法。实验结果同样指出了在时间序列识别过程中概念选择的重要性，而这在当前的很多研究文献中往往被忽略，而采用了默认的概念集合作为语义属性。

8.1　背景介绍

在线视频和个人媒体的不断普及产生了大量多媒体数据，这就需要一些高效的索引与识别技术来灵活支持这些数据的检索和管理。基于概念的多媒体自动化检索已经显示出语义概念在支持这类媒体理解的重要性。这些概念标识可能包括图像中出现的场景、物体、人物等。尽管目前的研究尝试了许多途径，例如为训练过程提供大量带标注的语料库、提高算法的识别能力、利用外部本体知识、对索引结果进行后处理等，但是目前得到的概念探测结果仍然不够理想。

目前的多媒体检索研究已经验证了基于低层特征的方法并不适合有效的多媒体语义索引，这是因为低层特征缺乏用户能够解释的语义内容，同时存在高维度等问题。相反，高层概念属性则被广泛应用于事件和行为等更加复杂语义内容的分析。因为这些语义结构通常能够表示为典型的时间序列，因此事件或活动的识别可以通过初始概念探测和后期的动态识别两部分进行解决。在这个过程中，初始的概念探测结果将作为输入，用于构建基于时间特征的语义演变模型。在模型构建过程中，常常将时间序列表示成一系列基本单元，如视频片段或图像帧的组合。在对每个单元的概念探测结果按时序进行连接之后，多媒体时间序列可以简单地由一系列顺序排列的向量进行表示，如 7.2 节中的图 7-2 所示。

基于概念属性的事件和行为识别吸引了许多人来研究。例如，本章文献[1]提出了一种直接从弱标签数据中学习视频的视觉故事情节模型的方法。在本章文献[2]中，作者提出了一个基于规则的方法用于根据概念分类结果去生成视频内容的文本描述，该文献还发现，尽管最先进的概念探测远远达不到完美的结果，但它们仍然能够为事件分类提供有用的线索和依据。在本章文献[3]中，作者基于探测出的概念结果提出了多媒体事件的叙述(Recounting)方法，并使用支持向量机去构建事件的分类模型。本章文献[4]进行了类似的工作，使用不同类别的语义概念属性，如动作、场景、物体等，对视频事件进行分类。本章文献[5]采用了从支持向量机训练得到的语义模型向量作为中间特征表示，以此作为探测复杂事件的基础，并在实验中表明这种表示方法不但优于低层视觉特征，并且在执行事件建模任务中和视觉特征起到互补的作用。本章文献[6]同样验证了基于概念属性的时序表示在更加复杂的事件识别上是非常有效的。其他在 TRECVid 事件检测任务中的实验[7-8]也表明了基于概念的事件探测具有较好的前景。类似的方法同样也用在了日常行为识别任务中，即利用概念探测结果去刻画日常活动，相关的工作在本章文献[9]和文献[10]进行了详细介绍。在本章文献[10]中，概念探测的置信度结果首先被二值化(Binarize)，然后将二值化后的概念向量用于学习时序动态变化，以训练日常活动识别模型，此外该文献还进行了行为识别和概念探测性能的相关性分析。

虽然使用上述诸多算法去识别多媒体时间序列的有效性已经在很多工作中被证实，但是由于概念探测目前能达到的性能并不理想，因此一些研究问题仍然没有得到解决。由于目前采用的方案使用先识别概念再对概念进行组合的方法，概念探测将如何影响后续的时间序列分析尚不清楚。因为目前的研究倾向于使用各自的特定概念探测结果去进行验证实验，所提出的事件或行为的识别方法是否能够适用于其他概念探测还没有充分得到解决，例如如何应对一些跨领域的应用等。为了克服这些限制，本章研究了以下的问题。

(1) 需要什么精度级别的概念探测器来满足时间序列分析？

在真实的应用中，追求完美的概念探测器是非常困难的。只有人为标注才可以认为是无可置疑的结果，但这需要耗费大量时间来实现。然而在大多数情况下，只能提供具有一定精度级别的概念探测的结果，以用于时间序列建模和分类。本章通过实验表明了即使在不完美的概念探测的基础上，由此得出的概念动态相关性仍然能够反映时间序列随上下文变化的模式。

(2) 不同的序列识别方法怎样才能满足不同的概念探测准确性？

目前文献介绍的大多数结果均使用研究人员各自的概念探测结果。如果这些方法和概念探测准确性之间的相关性更加明了,就可以有助于研究人员选择合适的序列识别方法。更重要的是,为了找到合适的识别方法,需要进一步明确概念探测准确性的降低是否会随着时序的推移和模型变化而传播。如本章后面所介绍,实验中选择的典型方法能够适应不同的概念探测准确性。这表明了为什么基于概念属性的事件/行为识别目前是可行的且能给出较满意的结果。

(3) 什么因素能够影响基于概念的时间序列分析?

大多数研究目前更多关注对概念出现的动态进行时间序列建模,而事实上基于概念的时间序列分析涉及概念探测和时序建模两方面,一个全面的分析视角可以对这一研究主题提供更好的引导。在本章的实验中,我们量化了这些影响因素,并指出除了时间序列建模方法,概念探测和概念选择同样需要考虑以提高最终事件序列识别的性能。

8.2 实验数据集

在实验中,以日常行为活动的自动识别为例,验证了这一类基于概念探测的时间序列识别。实验选择了两个数据集进行验证,即生活记录(Lifelogging)图像流(数据集 1)和自我中心(Egocentric)的视频集合(数据集 2)。

对于可穿戴式视觉传感器记录的日常行为活动,在本章文献[11]中采用含有 85 个日常概念的词汇集合来作为语义属性对其构建索引。和 7.4.1 节一致,数据集 1 包含了 16 个活动类型的事件样本,这些样本是从 4 个 SenseCam 使用者的记录中收集得到,并包含 10497 张传感图像[9]。同时,对于自我中心的视频分析,实验基于 45 个基础语义概念评估了不同算法在识别日常生活行为(Activities of Daily Living,ADL)[12]中的表现。在这个 ADL 语料库中总共有 18 个活动类型和 23588 幅从视频中提取出的图像帧。为了充分利用两个数据集中的活动样本,我们将每个正样本以 50∶50 的比例分割分别进行训练和测试。表 8-1 总结了两个数据集的数量统计。

表 8-1　实验中采用的两个数据集

数据集	类型数	概念数	样本数	帧数	研究域
数据集 1	16	85	500	10497	Lifelog
数据集 2	18	45	624	23588	ADL

对于这两个数据集,不同精度水平的概念探测器可以通过两个高斯概率模型模拟输出的概念置信度值来表示。为保持本章内容的完整性,这里同样对数据集的构建进行说明。在本章文献[13]介绍的概念探测模拟方法中,概念探测的性能

可以基于人为标注的结果，并且通过修改模型的参数来控制。这些参数包括正类的均值 μ_1 和标准差 σ_1，以及负类的均值 μ_0 和标准差 σ_0。概念探测的性能反映在正类和负类的概率密度曲线覆盖区域的交集上，可以通过改变上述分布的均值和标准差进行调整。

除了以正态分布 $N(\mu_0,\sigma_0)$ 和 $N(\mu_1,\sigma_1)$ 分别模拟负类和正类的置信度分布，还可以通过手工标注的结果从标注数据集中获得对于概念 c 的先验概率 $P(c)$。然后采用如下形式的 S 形后验概率函数进行拟合[10,13]：

$$P(C|o)=\frac{1}{1+\exp(Ao+B)} \tag{8-1}$$

其中，随机置信度值 o 在参数 A 和 B 被固定后，从相应的正态分布中提取。在每一幅图像或视频镜头中出现概念的后验概率通过式(8-1)返回。

对于每种参数配置，实验中执行了 20 次重复的模拟运行，并计算概念的 AP 和 MAP 的平均值。在模拟过程中，本章固定两个标准差 σ_0、σ_1 和负类的均值 μ_0，正类的均值 μ_1 在[0.5,10.0]间变化。图 8-1 表示了概念探测的 MAP 随着 μ_1 的增加在两个数据集中都相应地提高。当 $\mu_1 \geqslant 4.0$ 后便达到了趋于理想的概念探测结果，如图 8-1 中被蓝色虚线分割的部分。

彩图 8-1

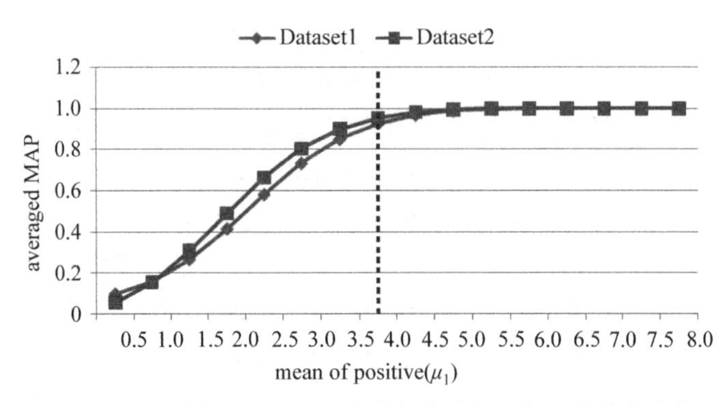

图 8-1 在不同 μ_1 设置下两个数据集中概念探测的精度变化

8.3 实验方法

本实验中，我们在上述数据集上提供了对不同的时间序列识别方法的讨论。为了充分验证概念探测和时间序列识别之间的相互作用关系，以及提供对序列识别过程的影响因素反映，实验中验证了多种典型的方法：使用时序和非时序的特征，生成式和判别式的模型，整体表示和金字塔式的分层表示方法，动态系统签名(Signature)等。实验中采用的时间序列识别方法在表 8-2 中进行概括。有关这些方法的细节，例如是否利用了时序特征、事件/活动类型的数量、概念属性的数量等都在表 8-2 中进行了说明。

表 8-2　实验中采用的时序识别方法

方　法	是否时序	类　型　数	概　念　数
Max Pooling	×	10[14]，15[15]，25[6]	50[14]，101[15]，93[6]
Bag of Features	×	10[14]，18[12]，3[5]	50[14]，42[12]，280[5]
Temporal Pyramids	√	18[12]	42[12]
HMM	√	16[9]	85[9]
Fisher Vector	√	16[9]，15[16]	85[9]，60[16]
Dynamic System	√	25[6]，5[17]	93[6,17]

如表 8-2 所示，本实验使用的数据集（见 8.2 节）中的行为分类个数和概念属性的数量均在近期文献常用的数量范围之内。因此，实验的设置是接近现实的，因此得到的结论也应该是有效的。以下概述了实验中所实现的不同识别方法的细节。

(1) Max-Pooling（MP）。作为一种概念探测结果的融合操作，Max-Pooling[14]已经被证明了相比其他融合方法在大多数复杂事件的识别中能够提供更好的结果。在 Max-Pooling 中，每个概念对应的最大置信度值从所有的关键帧图像（或视频片段）中选择出来，从而为一个事件或行为样本生成一个固定维数的向量表示。根据定义，这样选择的最大值不能刻画概念在时间序列中的演化，因此这个方法被认为是采用非时序特征实现的。

(2) Bag-of-Features（BoF）。类似于 Max-Pooling，Bag-of-Features 是一种在时间窗口中对置信度值进行平均来完成概念探测结果融合的方法。因为 Bag-of-Features 和 Max-Pooling 反映了整个时间序列的统计特征，所以它们都忽略了概念探测结果的时序演变特征。

(3) Temporal-Pyramids（TP）。受空间金字塔方法的启发，本章文献[12]提出了时序金字塔，采用和时序模型[15]类似的方法对时间特征进行分层表示。在这种方法中，由整个时间序列得到的直方图表示最顶层的特征，下一级特征可以通过连接两个时序分割序列的直方图得到，更精细的表示可以用相同的方法生成。通过运用多尺度金字塔去近似这种由粗到精的时序关系，该方法用时序嵌入（Temporal Embedding）生成了固定长度的特征。

(4) Hidden Markov Model（HMM）。在本章文献[9]中使用了基于 HMM 的生成方法用于行为识别。首先为每一个行为类型训练相应的 HMM 模型，对模型输出的单类后验概率计算对数似然值，并对多个模型的输出连接成一个向量。假定在 HMM 模型中有 l 个隐含状态，每两个状态间有转移概率 $a_{ij}-P(s_i|s_j)$，HMM 的参数可以用 $\lambda=(A,B,\pi)$ 表示，其中 $A=\{a_{ij}\}$，$\pi=\{\pi_i\}$ 代表了初始的状态分布，$b_j(X_t)$ 是概念观测结果 X_t 在时间 t 相对于状态 s_j 的分布。

(5) Fisher Vector(FV)。Fisher 核的原理是相似的样本应该对生成模型有相似的依赖，这种依赖表现在参数的梯度上[18]。相对于直接使用生成模型的输出，如上述 HMM 方法，采用 Fisher 核试图生成一个特征向量，通过该向量能够描述行为模型的参数该怎样修改才能够适应不同的样本。基于上述对 HMM 的形式化，X 可以表示为由参数 λ 得到的 Fisher 值，$U_X=\nabla_\lambda \log P(X\mid\lambda)$。因此，Fisher 核可以形式化为 $K(X_i,X_j)=U_X^{\mathrm{T}}\boldsymbol{I}_F U_{X_j}^{\mathrm{T}}$，其中 $\boldsymbol{I}_F=E_X(U_X U_X^{\mathrm{T}})$ 表示 Fisher 信息矩阵。

(6) Liner Dynamic System(LDS)。作为一种对时间序列中交互特征建模的自然方式，Liner Dynamic Systems[6]可以用滑动窗口中提取的属性来刻画时序结构。时间序列可以被组织成一个 Hankel 矩阵 $\boldsymbol{H}$，其中 $\boldsymbol{H}$ 的每列元素的长度等同于滑动窗口的长度(表示为 r)，并且连续的列之间相差一个时间步长。根据本章文献[6]，使用 $\boldsymbol{H}\cdot\boldsymbol{H}^{\mathrm{T}}$ 的奇异值分解结果可以取得和更复杂方法类似的精度结果。在本实验中，我们使用 k 最大奇异值和它们对应的向量构建了特征表示。

8.4 实验结果

对基于 HMM 对数似然值(Log-Likelihood)和基于 Fisher 向量的识别方法，实验中采用双态各态历经的 HMM 模型对概念出现的动态序列进行建模，从而获得生成模型。由于置信度向量 $\boldsymbol{X}_t$ 由连续的值组成，实验采用高斯散射(Emission)分布 $b_j(\boldsymbol{X}_t)=N=\{\boldsymbol{X}_t,\mu_i,\sigma_i\}$和 $B=\{\mu_i,\sigma_i\}$。参数 μ_i 和 σ_i 是分别在状态 s_i 下高斯分布的均值和协方差矩阵。这种参数设置分别应用于基于 HMM 和基于 Fisher 向量的时间序列识别中。为了减轻由生成模型(接近)零梯度引起的 Fisher 核次优的问题，我们采用了本章文献[19]中提出的模型参数学习方法来训练模型，以便使同类型的样本间比其他类型具有更相似的梯度。Fisher 核进而同支持向量机结合用于行为分类。为了简化计算，在实验中通过单位矩阵对 $\boldsymbol{I}_F$ 进行了近似。

在构建 Hankel 矩阵 $\boldsymbol{H}$ 并用于对动态系统进行特征表示时，滑动窗长度 r 反映了时间因素影响的范围，因此将其视为一个参数。除 r 之外，$\boldsymbol{H}\cdot\boldsymbol{H}^{\mathrm{T}}$ 奇异值分解中，最大奇异值的个数 k 和相应的向量一起决定了最终动态系统的特征表示，因此 k 在实验中作为另一个参数。类似于本章文献[6]，实验在指定的范围 $r\in\{2,4,8\}$和 $k\in\{1,2,4\}$中通过比较最终的时间序列识别精度，对数据集 1 选择了$\{r=2,k=1\}$，对数据集 2 选择了$\{r=4,k=1\}$作为最终的评估参数设置。对于 Temporal Pyramids 方法，实验提取了两层特征直方图，用于连接并构建最终的时间序列特征表示。在这方面，本实验没有进一步做优化而直接通过经验选择了两层特征表示，因为两层金字塔在本实验数据集中的表现良好，并且这种配置方法也在本章文献[12]中已经得到应用。

利用表 8-2 列出的方法，当完成固定长度特征的抽取之后，实验采用相同的判别式分类器 SVM 来完成行为分类。为公平比较起见，实验采用相同的 SVM 参数优化方法，由此在两个数据集上得到的结果精度如图 8-2 和图 8-3 所示。图中显示了通过增大仿真参数 μ_1 得到的在各种概念探测精度上进行行为识别的结果比较。

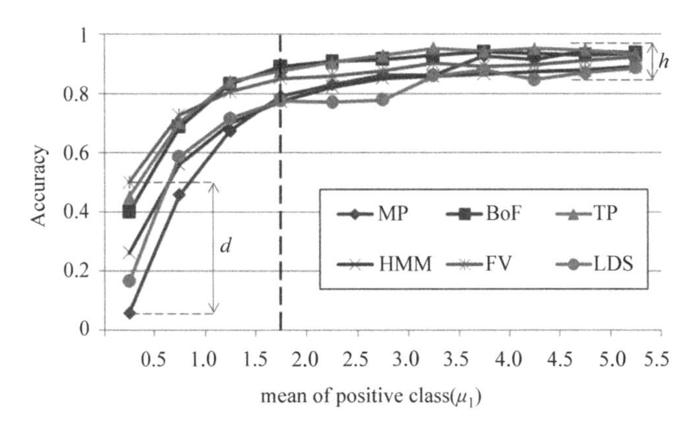

彩图 8-2

图 8-2　在数据集 1 上对不同仿真 μ_1 值得到的平均行为识别精度

注：当概念探测精度较低时（虚线左侧），行为识别精度增加显著，且在概念探测精度逐渐提高（虚线右侧）后趋于稳定。

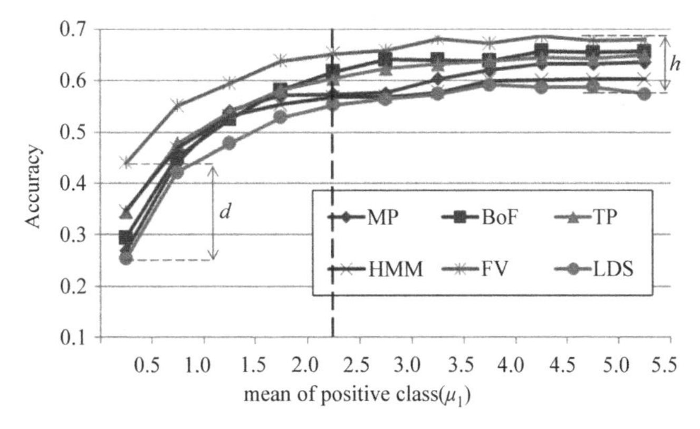

彩图 8-3

图 8-3　在数据集 2 即 ADL 数据集中对不同仿真 μ_1 值得到的平均行为识别精度

注：当概念探测精度较低时（蓝色虚线左侧），行为识别精度增加显著，且在概念探测精度逐渐提高（蓝色虚线右侧）后趋于稳定。

如图 8-2 和图 8-3 所示，不同识别方法的结果精度曲线在两个数据集上有非常相似的形状，这意味着结果与概念探测有类似的相关性。也就是说，随着概念探测精度的增加（μ_1 增加），在两个数据集中应用所有方法对时间序列的识别准确性均得以提高。提高幅度在原本概念探测精度较低时尤其显著，例如在图 8-2 中蓝色虚线左侧 $\mu_1 \leqslant 2.0$ 时。当概念探测足够精确时，即在图 8-2 中蓝色虚线右侧，时间序列识别获得了比较稳定的精度并逐渐收敛在更小的波动范围内。

在图 8-2 和图 8-3 中，不同方法的时间序列识别效果在不同概念探测精度区域中都有所不同。例如，FV、BoF 和 TP 方法相对于其他方法取得更好的识别效果。当概念探测精度很差时($\mu_1 \leqslant 1.0$)，FV 的优势非常明显，这说明 FV 较好地适应了概念探测精度比较低的情况。然而，当概念自动标注的负担随 μ_1 值增加而减轻，FV 的效果被 BoF 和 TP 方法超越。对图 8-2 和图 8-3 中其他识别方法来说，在不同概念探测水平出现类似的效果变化趋势是普遍现象。因此，我们认为，在单一概念探测精度水平下评估当前的基于概念的时间序列识别方法是有限的。为验证识别方法的鲁棒性和适应能力，在不同概念自动标注结果上进行更全面的评估是必要的。

8.5 结果讨论

在 8.2 节中讨论过，概念探测精度在 $\mu_1=4.0$ 附近收敛，并且在 $\mu_1 \geqslant 4.0$ 时会取得接近于完全正确的概念探测结果。比较有意思的是，对于图 8-2 和图 8-3 中时序识别的精度曲线，这个关键值要低得多，即最佳识别精度分别在 $\mu_1=2.0$ 和 $\mu_1=2.5$ 附近出现，如图中蓝色虚线表示。虽然基于不完全准确的概念探测，但是序列识别在图 8-2 和图 8-3 中更早收敛的结果无疑是一个好消息。这也表明了为什么即使目前最精确的概念探测也远远达不到理想的程度，但基于概念的事件/行为识别仍然优于低层特征描述并获得更好的识别结果。图中虚线的偏离，即由图 8-1 中$\mu_1=4.0$ 移动到图 8-2 中 $\mu_1=2.0$ 及图 8-3 中 $\mu_1=2.5$ 的位置说明了 $\mu_1=2.0$以后概念探测精度的提高在增强时间序列识别中是没有多大价值的。这是由于识别方法对存在错误的概念探测结果具有一定的适应能力。

根据上述实验，基于概念的时间序列识别的影响因素可以概括如下。

(1) 识别方法。根据图 8-2 和图 8-3 所示，识别方法对获得最终不同的效果起到主导作用，这从图上分别对应于低概念探测精度和高概念探测精度的两个距离 d 和 h 可以看出。在两个图中 $d>h$ 始终成立，这意味着不同识别方法的效果差别在较低的概念探测结果中更加明显。因此，如何基于有噪声的语义属性提出有效的高层事件/行为流数据的分类方法，是需要解决的研究问题。这在概念探测基础上推理日常行为或复杂事件时尤其重要。在这些应用中，由于可使用的概念范围更广，以及所记录的多媒体数据存在更多的噪声，这种方法的应用面临更多的挑战。

(2) 概念探测。在图 8-2 和图 8-3 中，随着概念探测精度的提高(增加仿真参数 μ_1)，所有行为识别方法的精度都相应地攀升。尽管最近的研究通过技术进步获得了更好的概念理解效果，从视觉媒体尤其是可穿戴式视觉记录设备采集的多媒体数据中进行自动的概念探测，离真正完全满意的效果还有一定的差距。行为识别精度上升的速率在原有概念探测不是特别准确的情况下表现得更加明显，即图 8-2和图 8-3 中虚线的左侧的区域。考虑到目前最先进的概念探测结果仍不尽如人意，提高原有概念探测的精度以进一步优化时间序列识别的任务是另一个可能的研究领域。

(3) 概念选择。选择合适的概念集合用于视觉媒体的内容理解同样可以得到明显的效果，这可以从本章实验得到验证。为了排除上述两个影响因素即识别方法和概念探测，我们详细分析了在两个数据集中出现的比较极端的结果，即图 8-2 和图 8-3 中精度(Accuracy)为 0.95 和 0.69 的位置。除两个数据集本身固有的特性以外，更恰当的概念选择同样也可以提高最终的识别效果。在图 8-2 所示的数据集 1 即日常行为视觉记录数据集中，结合了本章文献[11]中的主题相关语义概念选取方法，通过用户实验和语义网分析的方法选择了恰当的概念集合。

如表 8-1 所示，实验采用的数据集 1 比数据集 2 使用了更多数量的概念用于描述行为的时间序列。为进一步验证概念选择对最终行为识别的影响，我们在实验中随机从数据集 1 中选取 n 个概念($n\leqslant 85$)，然后在这些概念子集上重新进行了时间序列识别实验。在图 8-4 中显示了在两种概念探测精度水平($\mu_1=\{2.0, 5.5\}$)上分别选取 $n=\{20,40,60,85\}$得到的结果。

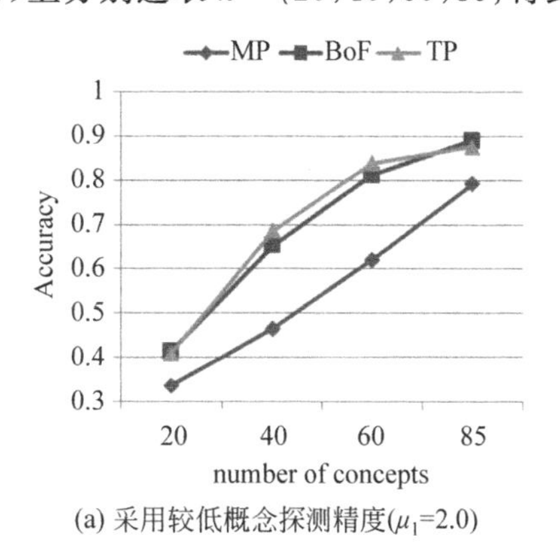

(a) 采用较低概念探测精度(μ_1=2.0)

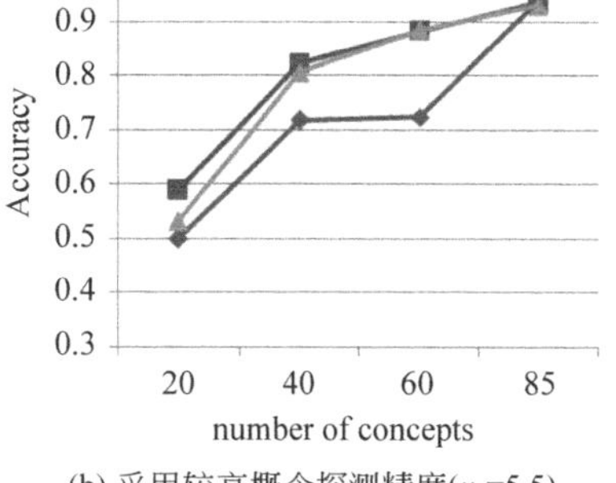

(b) 采用较高概念探测精度(μ_1=5.5)

彩图 8-4

图 8-4　随机选取概念对行为识别的影响

以三种行为识别方法为例，在图 8-4 中随着增加所选取概念的数量得到的识别精度呈现相同的变化趋势。由此可以看出，当利用更合适的概念语义来描述基于概念的时序动态演化时，最终达到的识别能力会相应地提高。这在图 8-4 中当原始的概念探测更不令人满意时(@$\mu_1=2.0$)表现得更明显。在这种情况下，概念自动标注的结果存在更多的噪声，通过引入更多的语义概念可以在一定程度上抵消这样的干扰并增加行为识别能力。例如，选取的概念数量从 20 个增加到 60 个使得在图 8-4(a)中 BoF 曲线有约 0.4 的精度提高幅度，而在图 8-4(b)中该提高幅度为 0.3。这些结果支持了前面提出的假设，即概念选择是影响基于概念的时间序列识别的另一个重要因素。

从图 8-4 中还可以发现，当选取的概念数量足够大时，即 $n \geq 60$，行为识别精度随概念增加的增强效果反而没那么明显。随着 n 值的增加，BoF 和 TP 两种方法的曲线斜率都逐渐减小。这说明引入更多的冗余概念在描述时间序列中的价值将降低，这是因为这些概念之间不是互相独立的。这种非独立性反映在多种概念的相关性上，如概念共同出现的模式、本体关系等。换句话说，由于概念间相互不独立，由概念词汇作为向量基构建出来的语义空间本身可以映射到更加紧凑的低秩空间。正因如此，在本书的第 5 章利用了这一特征对原始的概念探测结果进行增强，并在第 7 章将时间感知的增强结果与时间序列识别任务进行了结合。

8.6 本章小结

尽管在有限的应用领域采用最先进的概念分类方法可以将概念探测精度控制在可以接受的范围，但是当前的概念探测仍然不尽如人意。在一些具有时间上下文特征(如日常行为活动、复杂事件理解等)应用领域，时序识别方法与这些概念识别之间的相互关系仍然是不明了的。为验证事件/活动识别算法对概念探测的适应能力，本章选取两个典型数据集在不同概念探测精度上进行了系统的实验。实验结果表明，在有噪声的概念探测基础上进行时间序列识别是可行的。实验还探究了这种时间序列分析的影响因素。除了当前作为热点进行研究的时序识别方法本身，实验同样指出概念探测和概念选择也对分析效果有直接的影响。本工作可以为基于概念属性的时间序列识别提供一个科学的分析框架和指导。

参考文献

[1] Gupta A, Srinivasan P, Shi J, et al. Understanding videos, constructing plots learning a visually grounded storyline model from annotated videos: Proceedings of the IEEE Conference on Computer Vision and Pattern Recognition[C].[S.l.]: IEEE, 2009.

[2] Tan C C, Jiang Y G, Ngo C W. Towards textually describing complex video contents with audio-visual concept classifiers: Proceedings of the 19th ACM International Conference on Multimedia[C]. New York: ACM, 2011.

[3] Yu Q, Liu J, Cheng H, et al. Multimedia event recounting with concept based representation: Proceedings of the 20th ACM International Conference on Multimedia[C]. New York: ACM, 2012.

[4] Liu J, Yu Q, Javed O, et al. Video event recognition using concept attributes: Proceedings of the IEEE Workshop on Applications of Computer Vision[C].[S.l.]: IEEE, 2013.

[5] Merler M, Huang B, Xie L, et al. Semantic model vectors for complex video event recognition[J]. IEEE Transactions on Multimedia, 2012, 14(1): 88-101.

[6] Bhattacharya S, Kalayeh M, Sukthankar R, et al. Recognition of complex events: Exploiting

temporal dynamics between underlying concepts: Proceedings of the IEEE Conference on Computer Vision and Pattern Recognition[C].[S.l.]: IEEE,2014.

[7] Hill M, Hua G, Huang B, et al. IBM research TRECVid-2010 video copy detection and multimedia event detection system: Proceedings of the TRECVid Workshop[C].[S.l.: s. n.],2010.

[8] Cheng H,Liu J,Ali S,et al. SRI-Sarno AURORA system at TRECVid 2012: Multimedia event detection and recounting: Proceedings of the NIST TRECVID Workshop[C].[S.l.: s.n.],2012.

[9] Wang P, Smeaton A F. Using visual lifelogs to automatically characterize everyday activities[J]. Information Sciences,2013,230: 147-161.

[10] Doherty A R,Caprani N,Conaire C,et al. Passively recognizing human activities through lifelogging[J]. Computers in Human Behavior,2011,27: 1948-1958.

[11] Wang P, Smeaton A F. Semantics-based selection of everyday concepts in visual lifelogging[J]. International Journal of Multimedia Information Retrieval, 2012, 1(2): 87-101.

[12] Pirsiavash H,Ramanan D. Detecting activities of daily living in first-person camera views: Proceedings of the IEEE Conference on Computer Vision and Pattern Recognition[C].[S. l.]: IEEE,2012.

[13] Aly R,Hiemstra D,Jong F,et al. Simulating the future of concept-based video retrieval under improved detector performance[J]. Multimedia Tools and Applications,2012,60: 203-231.

[14] Guo J,Scott D,Hopfgartner F,et al. Detecting complex events in user-generated video using concept classifiers: Proceedings of the International Workshop on Content-Based Multimedia Indexing[C].[S.l.]: IEEE,2012.

[15] Laptev I,Marszalek M,Schmid C,et al. Learning realistic human actions from movies: Proceedings of the Conference on Computer Vision and Pattern Recognition[C].[S.l.]: IEEE,2008.

[16] Sun C, Nevatia R. ACTIVE: activity concept transitions in video event classification: Proceedings of the IEEE International Conference on Computer Vision[C].[S. l.]: IEEE,2013.

[17] Li W, Yu Q, Sawhney H, et al. Recognizing activities via bag of words for attribute dynamics. Proceedings of the IEEE Conference on Computer Vision and Pattern Recognition[C].[S.l.]: IEEE,2013.

[18] Jaakkola T S, Haussler D. Exploiting Generative Models in Discriminative Classifiers: Proceedings of the Conference on Advances in Neural Information Processing Systems [C]. Cambridge: MIT Press,1999.

[19] Maaten L. Learning discriminative Fisher kernels: Proceedings of the 28th International Conference on Machine Learning[C]. Madison: Omnipress,2011.

第9章　事件建模和上下文增强

根据本书前面的介绍，事件是在真实世界中一段时间发生的令人感兴趣的情况。在可穿戴式生活记录中，发生的这些情况可以被观察并被记录在计算机系统中，在这个过程中针对各个单项的事件搜集了大量的多媒体数据。一种自动帮助用户寻找感兴趣事件的方法，是对于包含标签的事件基于关键词进行搜索。由于没有用户能够承担得起对如此大量媒体数据进行标注的烦琐工作，本书已经在之前的章节中通过融合事件层次的语义概念探测，对元数据构建和事件的自动标注进行了研究。即使基于视觉信息的图像索引在从大量生活记录文件中获得预期事件的任务中较为有效，但这种单一维度的语义索引并不能完全利用事件的上下文信息，从而提供更为灵活的方法。如何对带有多上下文元数据的生活记录事件进行组织，对于高效的以事件为中心的生活记录检索和解释十分重要。此外，基于关键帧的事件表示是多媒体表现的主要方式。对于可穿戴式生活记录而言，当事件上下文信息十分丰富时，就需要一种多维度的上下文表示方法以增强事件多个方面的语义。生活记录事件或活动的语义增强是本章的重点所在。

到目前为止，语义网技术在某些方面已经相当成熟，这体现在结构良好的在线知识库以及语义查询/推理能力等方面，因此这些技术可以被用来丰富我们对日常事件的理解。在本章中，将介绍一种基于上下文感知应用的事件模型。本章还把上下文语义纳入一个一致的事件本体，并基于该本体充实事件语义，以便更好地理解可穿戴式生活记录中的日常事件。

9.1　语义表示和模型语言

当前的万维网是一种以文件或网页形式在线发布任意信息的基础设施。人们可以借助此类文档发布的方式，在超越物理或技术限制的情况下获取数字资源。然而，对于最新需要的在线服务而言，此类基于文档的发布平台并不能提供高效的内容访问途径。文档中标准化语义描述的缺乏以及文档链接的有限含义，使得万维网上的知识重用非常受限，而这又是当前需要解决的。因此，由于万维网网页内容只能由用户而非计算机准确解读，那么当前的万维网实际上只是某种形式的以用户为中心的网络。除了由文档驱动的万维网技术之外，语义网[1]详细阐述了用于数据共享和表示的一种数据驱动的基础设施。语义网技术正在将当前的网络提升为一种更为强大、可重复使用程度更高的基础设施,以便开展信息共享与知识管理。通过采用具有含义的信息对网页数据进行定义,语义网比当前网络更容易被机器所理解且更容易重复利用,同时使得软件之间的互操作更加便利。

使用语义网技术和标准能够方便在线信息的使用,在机器可读语言中以标准化的信息模型为基础,可以以某种更有含义的形式而非文档的形式,解读可穿戴式生活记录中的事件,从而支持数据表现和推理。在本节中,将讨论语义网中的标准语义表示和建模语言。正如在之前章节中探讨的一样,由于多媒体数据的特性,人们很难直接表现多媒体数据的内容。由于很难通过精确匹配对多媒体数据进行组织与检索,因此在现代信息检索中,需要抽取描述性元数据以某种更为结构化的方式对媒体内容进行建模,从而降低多媒体的复杂性。元数据与媒体对象在多媒体检索系统中是作为一个整体进行处理的。换句话说,元数据就是多媒体内容的结构化语义。当不同的人对元数据有着不同的理解时,另一个问题就是如何使各种不同的应用之间具有互操作性。为了解决这一问题,用于定义句法表示和语义内容的标准化语义网描述语言可以用来使各种应用之间的元数据相互兼容。

9.1.1 本体

本体是语义网的核心元素,它取自于哲学,并用于推动数据消费者包括网络用户和机器之间知识的共享和重复使用。它与关系数据库中的数据库模式或者面向对象软件工程中的类图相似,也用于构成领域知识的一个抽象。不同之处在于,在语义网中本体是由概念、关系以及相关约束所构建,并由陈述所定义。对于本体的定义,本书引用被语义网研究人员所广泛接受的定义[2],即“本体是对共享概念化的正式且明确的说明。”

作为领域知识的一种抽象结构,必须借助正式的、基于逻辑的模型对本体进行明确而又具体的表示,以便于机器之间的相互理解。这可以借助使用保留词汇即预定义术语集合来实现上述任务。本体的正式结构作为文档在网络上存储,并包含类、个体和属性基本组成部分。

(1) 类(Classes)。一个类是对拥有共同特性的一系列资源的抽象。例如,“事件”就可以是代表所有事件的一个类。通过在各种类之间增添层次关系,就可以通过对类包含关系的说明在本体中构建分类结构。在不同的层次中,一个类可以对其他类进行包含,也可以归入其他类。被另一个类所包含的类就被称为它的超类中的子类。通过包含关系将这两种类链接在一起,那么子类也将具备超类的特性。例如,“小轿车”是“汽车”的子类,因此“小轿车”也就拥有“汽车”所有的特性,如“拥有发动机”“拥有4个轮子”等。

(2) 个体(Individuals)。个体是某种资源,而这种资源是至少一个类的一个成员。事实上,个体是一个类的实实在在的实例,并且不能对它进行进一步的具体化。实例作为一个本体抽象中的最低层次,不一定会被包含在本体中。在本体中,可以明确地断言某些个体就是某些类的成员,虽然这些个体作为成员也是可以从其他断言间接推理而来。

(3) 属性(Attributes)。通过将属性与其他实例、类或数据值进行关联,就可以利用属性对某种资源(如实例或类)进行描述。属性同样也是被当作陈述中的谓语对主语进行描述的一种资源。在语义网中,存在两种主要的属性类型,分别是对象属性和数据类型属性。正如它们的名称所隐含的意思一样,对象属性将被描述的主语与其他资源相连接,而数据类型属性则将主语与字面值相连接。

注意,陈述构成了本体的基本组成部分。一份陈述包含主语、谓语和宾语,从而一般构成三元组的结构。三元组结构中的主语是一种由陈述所描述的资源,而主语和宾语通过谓语相连,对主语和宾语之间的关系进行描述。例如,在陈述“Car is a subclass of vehicle”中,主语“Car”和宾语“vehicle”由谓语“is a subclass of”连接。这一主谓宾模型很自然地构成了一种有向图。在这个图中,陈述的主语和宾语被表示为节点,而谓语则是一个从主语开始到宾语结束的边。主谓宾三段式结构相对简单,但通过将一个陈述句与另一个陈述句进行关联,主谓宾三段式结构就能表现出更多更灵活的表述,因此也就组成了构成语义网的数据网络。语义网中成千上万的甚至是数十亿的形式语义都是由这种主谓宾模式汇聚而成的。实际上,语义网标准语言就是借助主谓宾三段式结构进行陈述断言的形式化语法。

9.1.2 资源描述框架(RDF/RDFS)

资源描述框架(Resource Description Framework)[3]是一种基本的语义网数据模型语言,其作用是将语义作为陈述进行形式化处理。资源描述框架起源于XML语法,目的是表示关于网络资源的元数据,随后被发展为表达陈述的一种语言。当前,资源描述框架通常被称为一系列万维网联盟(W3C)规范。

在资源描述框架内,主语也被表示为资源。可识别资源的断言语句可以借助资源描述框架进行语义上的建模。在资源描述框架内,可以进行任意的资源描述。一旦资源(一个实例或者类)可借助统一资源标识符(Uniform Resource Identifiers,URI)被识别时,那么也就能由断言陈述的语义数据模型表示。通过使用统一资源标识符,能够识别网络内的资源。借助通用的统一资源标识符集,可以创建不同资源的陈述,从而通过相互链接,最终构成陈述的图结构。诸如RDF/XML[4]、N3[5]、Turtle[6]以及N-Triples[7]等,都是资源描述框架的各种序列化格式。

资源描述框架在灵活建模能力以及可表达性方面的缺陷,需要借助词汇对资源描述框架中的含义进行说明。资源描述框架模式(RDF Schema,RDFS)是一种标准的词汇,它能够对资源描述框架中的术语语义进行明确说明。资源描述框架模式为资源描述框架提供了一种可以被用来定义类的分类结构、属性以及属性的简单定义域和值域的特定词汇。资源描述框架模式在资源描述框架内是自我表达的,因此也就是资源描述框架规范体系中的组成部分。资源描述框架和资源描述框架模式被共同使用来描述网络上拥有具体语义的资源。这一组合具备在语义网中提供词汇、分类以及本体的能力。许多资源描述框架应用因此通过共享资源描述框架模式来重用元数据的定义。

如上所述,资源描述框架模式可以对类和属性进行定义。定义的过程是通过rdfs:Class以及rdfs:Property来说明资源。rdfs:Class以及rdfs:Property都是rdfs:Resource的子类。而rdfs:Resource则是描述资源的最为普遍的类。因此,在任何特定域的模式中定义的类和属性,都将成为这两种资源的实例。rdfs:type属性被用来借助资源描述框架模式对模式中定义的类或属性进行分类。子类和子属性层次的定义则由资源描述框架模式提供的rdfs:subClassof及rdfs:subPropertyOf来完成。在本章文献[8]中可以找到更多在资源描述框架模式中为属性域(rdfs:domain)、值域限制(rdfs:range)以及其他对类和属性进行非正式描述(rdfs:comment、rdfs:label、rdfs:seeAlso等)而定义的术语。

9.1.3 OWL

OWL是网络本体语言(Ontology Web Language)的缩写,这是一种定义并实例化网络本体的语言。OWL提供一种表达性语言,用来定义表达域知识语义的本体。它借助能被用来构建表达性更强的本体的额外资源,拓展了资源描述框架模式的词汇。OWL可以借助额外的词汇来增强资源描述框架及资源描述框架模式,有助于提高网络内容的语义兼容性。OWL同样也在语法上被资源描述框架所表示。作为资源描述框架的一个词汇拓展,OWL引入了更多的限制,旨在提高资源描述框架文档结构以及内容的解释和推理的效率。本体的开发人员遵循OWL标准,可以充分利用基于OWL定义的类及属性的推理能力。由OWL初始化及推断的典型属性为传递属性、功能属性以及反向功能属性。

除了完整的OWL语言(被称为OWL Full)之外,针对实现人员和用户各种不同的需求,OWL提供了两个具体的子集,分别为OWL Lite和OWL DL[9],它们与OWL Full一同被描述如下。

(1) OWL Full。OWL Full是OWL语言全集。OWL Full允许对OWL与资源描述框架模式的自由混合,如同资源描述框架模式,OWL Full并不对类、属性、个体以及数据值进行严格区分[9]。OWL Full的高度灵活性牺牲了其计算效率。它解放了OWL DL上的某些限制,提供了某些有用的特征,但破坏了描述逻辑推理器的某些约束。

(2) OWL DL。OWL DL包含OWL Full的全部词汇,但是与OWL Full截然不同,OWL DL对于资源描述框架进行混合设定了限制,并要求类、属性以及数据值不相交[9]。采用OWL DL子语言的主要原因在于,工具构建者已经开发了强大的推理系统，而这些系统支持由 OWL DL 限定的本体。这些限制使得 OWL DL 是可决定的，并且提供了很多描述逻辑的能力，而这种描述逻辑则是一阶逻辑的重要子集。这也是这个 OWL 子集被命名为 OWL DL 的原因。

(3) OWL Lite。OWL Lite 是 OWL DL 的一个子集，仅仅支持 OWL 语言特征的基本集。OWL Lite 通过提供有限的表达能力，专门支持工具构建者的需求，这些工具构建者则希望采用 OWL 语言特征集的一个简单基本集。

9.2 上下文事件增强框架

在本节中，将对基于多上下文事件模型的事件增强框架进行详细阐述。多上下文感知的概念受到了当前基于可穿戴式生活记录中对智能计算需求的推动，该需求首先由如下典型的场景进行说明。

9.2.1 一个说明场景

Web 2.0 及语义网技术的大范围涌现提供了大量的社交媒体数据和机器可读的元数据，而在解读可穿戴式生活记录事件语义的过程中可以吸收这些数据。这些在线资源可以被视为逻辑上下文，而逻辑上下文则与由传感器(如 SenseCam)所捕捉的态势上下文相对应。为了明确展示在线资源的用处有多大，可以考虑如下场景，其中一位可穿戴式生活记录用户参加一所大学的会议、听报告。

可穿戴式设备记录他的位置和视觉图像。移动设备能够根据其与大学地址的空间关系，推断出他当前正在该大学。图像处理也被应用以探测出他正在教室，并坐在大型投影屏幕之前。当报告结束时，正好是午餐时间。移动设备可以搜索附近的餐馆并且向他推荐他朋友经常去的餐馆，或者是向他推荐他们最喜欢吃的几个菜。在他根据菜单下单之后，他便可以在记录移动设备上重温会议情况，他可能会认为报告题目特别有趣，并且对他当前的研究十分有益，因此他希望获得更多关于做报告者的信息。做报告者的名字而后与和他研究专业领域相关的在线知识库相连，并且能在链接数据库中搜索到做报告者近期发表的其他论文。

上面描述的场景刻画了人们通常会遇到的情形。然而，当前的网络应用并不能很好实现这一类型的定制化服务，并采用上述描述的方式将所有这些资源整合在一起。除了域语义建模外，还需要结构良好的知识库和语义查询引擎来适应多维度的上下文感知。

9.2.2 基于多上下文的事件本体

可以通过在可穿戴式生活记录中部署不同的传感设备来收集上下文信息。为了对生活记录事件进行建模，上下文信息应当包含在一个一致的事件模型中，而这一模型应当允许对每一个上下文进行单独处理。这是因为由于数据的丢失(如

GPS 信号丢失)或者探测缺陷(如蓝牙信号质量)导致上下文处理具有高度不确定性。为了将上文中描述的语义网资源和技术整合起来,本章介绍了一种基于上下文感知应用的事件模型。由于每一种上下文都包含并代表着特定的概念,可以通过将上下文语义进行整合从而构建模块化的事件模型,如图 9-1 所示。在实际应用中,可以通过分析抽象的概念和已经存在的相关本体,构建该事件本体。

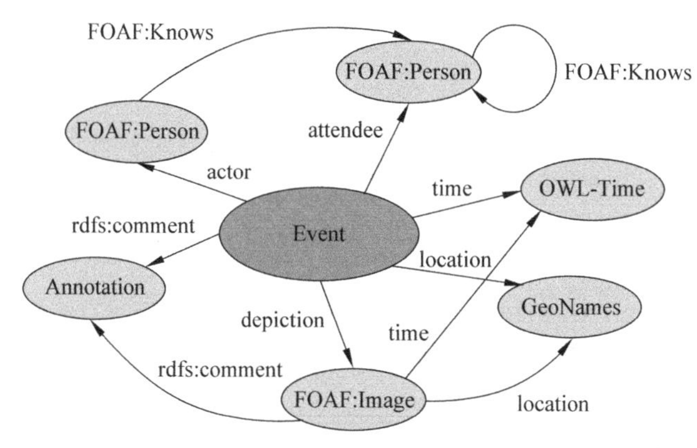

图 9-1　可穿戴式生活记录事件本体

由于可穿戴式生活记录中收集得到不同的上下文数据集,如照片、GPS 读数等,需要一种本体来描述由各种不同文档格式或带有被检测得到上下文属性的传感器读数所代表的事件。上下文感知的事件解读中需要对下列概念进行详细说明。

- 事件：时间和空间的交叉所对应的一种发生。
- 位置：事件的地理上下文。
- 时间：作为事件回忆提示的时间上下文。
- 执行者：执行事件的人员,如进行可穿戴式生活记录的人。
- 参与者：在场以及可能牵涉在事件中的人/人们。
- 图像：图像文件的抽象类。
- 注释：关于事件的文字描述的抽象类。

如图 9-1 所示,事件是该本体中的核心类。为与本书前面介绍的事件定义保持一致——“在真实世界特定地点和时间发生的情况”,可以采用 OWL 基来限定对事件类的空间和时间约束进行明确建模,如图 9-2 所示。例如,owl:cardinality 被用来限制每一个事件的起始时间和结束时间属性具有严格的一个值。在图 9-2 中,owl: minCardinality 被用在属性:hasLocation 上,用于表明任何事件实例都必须至少与一个 GPS 位置关联。在生活记录的许多情况下,需要不止一个 GPS 坐标以反映事件的空间特征,如“行走”“开车”等。

在事件本体中,上下文与事件类是整合在一起的。每一个上下文都采用其自

```
:Event rdf:type owl:Class ;
    rdfs:subClassOf time:TemporalEntity ,
        [ rdf:type owl:Restriction ;
          owl:onProperty :hasLocation ;
          owl:minCardinality "1"^^xsd:nonNegativeInteger
        ] ,
        [ rdf:type owl:Restriction ;
          owl:onProperty :endAt ;
          owl:cardinality "1"^^xsd:nonNegativeInteger
        ] ,
        [ rdf:type owl:Restriction ;
          owl:onProperty :beginAt ;
          owl:cardinality "1"^^xsd:nonNegativeInteger
        ] .
```

图 9-2 本体事件类定义

身的域语义得到表示，同时也能被分别单独得到处理。这使得处理由多媒体数据源表示的整个事件相对灵活。除了事件的内容如事件描述和概念之外，从事件模型中可以看出，存在三个主要的外部上下文，它们分别是空间上下文、时间上下文以及社交上下文。对于这些上下文而言，已经有一些现存的本体得到了设计并用于描述对应的域语义。我们对这些可能被重用并整合到本章的上下文感知事件本体中的现存本体进行了研究，并选择 OWL-Time 和 GeoNames 本体分别对时间和空间上下文进行建模。在本章的框架中，涉及的人员概念包含由 FOAF(Friend Of A Friend)本体[10]建模的执行者和参与者。FOAF 本体从属性和关系上对涉及的人员概念进行了描述。事件的视觉信息可以回答事件“是什么”的问题，并由 SenseCam 图像所表示，在这一事件模型中由 FOAF:Image 类所描述。

9.2.3 EventCube：一个增强的事件册

在针对事件增强而设计实际应用时，本章模仿了用户在组织个人数字照片时的行为。用户通常会采用“相册”的方式来组织他们的数字照片。在本章文献[11]中，用户指出，照片组织工具最为重要的特点就是将照片自动排列成相册。正如本章文献[12]所表明的，这种方式更加有利于图像的组织和检索。根据这一观念，我们在研究中提出一种多上下文的事件增强框架——EventCube，以增强图 9-1 中定义的事件模型的上下文画像。根据事件本体，可以将某一事件用资源描述框架定义为三元组的集合。事件增强任务就是从在线知识库以及社交媒体中发现关联的语义，从而改善可穿戴式生活记录中事件的展示和后续对事件的查询与回顾。

EventCube 的框架展示在图 9-3 中。

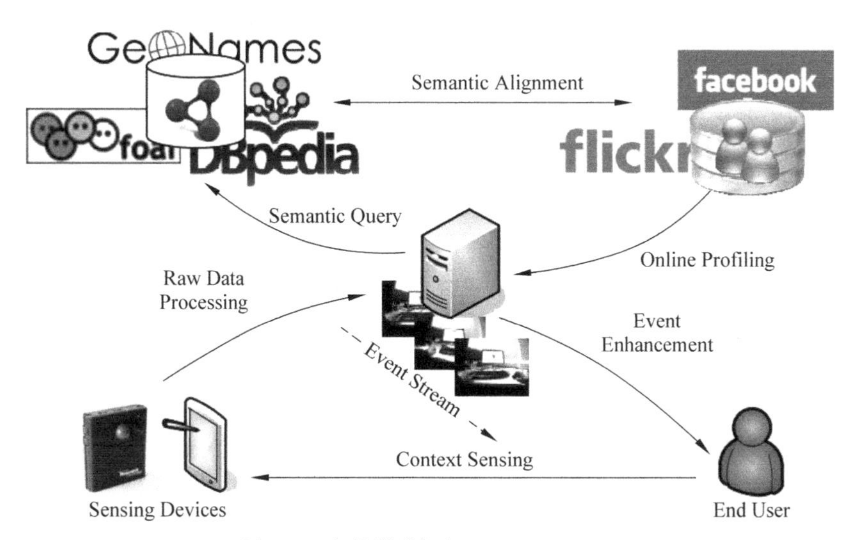

图 9-3　事件增强框架——EventCube

为将这一框架应用到可穿戴式生活记录之中，在研究中将 SenseCam 和配备了蓝牙和 GPS 模块的移动设备作为上下文感知设备使用。将可穿戴式生活记录传感器数据处理为增强后的事件的过程，可以用三个步骤来描述：首先，用户将传感器读数上传至数据库。在这一步骤中，SenseCam 图片流被分割为数据块，每一个数据块都代表一个事件的发生。同时，选择关键帧作为单个事件的缩略图。其次，记录下的 GPS 坐标数据与蓝牙接近记录被聚类和存储(将在 9.3.2 节中介绍)。在这一步骤中，传感器读数与分割后的事件进行同步。最后，访问在线知识库和社交画像，并将它们进行整合，以检索当前事件上下文的相关语义。这些增强后的内容被作为链接提供给终端用户，便于其根据自身兴趣做进一步的浏览。

与基于图像的可穿戴式生活记录仅仅利用视觉处理(如事件分割、关键帧选择)进行事件的重新体验不同，EventCube 充分利用了源于不同上下文的语义，以增强事件的属性，如“谁”“是什么”“在哪里”以及“什么时间”。由于是在一个综合的事件模型中对这些事件的方方面面进行处理，我们将这一多上下文增强命名为 EventCube。本书在前面已经对基于图像的事件处理和表示进行了探讨。由于 SenseCam 图像已经包含关于事件“是什么”的更多信息，如事件类型、概念的出现等，这里将重点研究“谁”“在哪里”以及“什么时间”等方面。也就是说，在 EventCube 中建模和增强的三个上下文方面包含社交上下文、空间上下文以及时间上下文。

(1) 社交上下文建模。社交上下文包含关于事件执行者和参与者的信息。社交上下文是关于事件在“谁”方面的回忆提示。FOAF 是一种本体，用来描述关于人员的情况、他们之间的关系，以及他们创造及涉及的事物的相关信息。本章将使用 FOAF 本体在事件本体中对社交上下文进行建模。

(2) 空间上下文建模。在本章事件本体中建模的空间上下文包含事件发生的地理上下文,并且对事件"在哪里"的信息提示中发挥着重要作用。地理词汇(Geo Vocabulary,World Geodetic System 1984 (WGS84)本体)是一种空间资源描述框架编码,并被许多语义网系统广泛采用。它将坐标定义为 Point 类的实例,使用诸如 lat、long 和 alt 等来详细说明一个 Point 的经纬度及高程等。地理词汇得到了 GeoNames 本体的拓展,在该本体中地点为特定的坐标而建模为地理特征,以及这些特征的类型和层次。此外,GeoNames 项目还提供了网络服务用于从数据库访问位置特征,并支持多种数据格式如 XML、JSON、CSV 等。GeoNames 本体被用于在事件本体中对于空间上下文进行建模,从而进一步被用来进行空间增强。

(3) 时间上下文建模。事件的时间上下文实际上是由事件发生的起始时间和终止时间所共同决定的时间跨度。OWL 语言借助标准 XML 模式定义(XML Schema Definition,XSD) date、time 和 dateTime 对时间进行表示。但是,这些字面值对于事件建模的局限性较大。在对于事件时间上下文的表示中,采用了 W3C OWL-Time 本体。OWL-Time 本体提供了一套词汇,以表达包含瞬时和间隔在内的时间实体之间的拓扑关系,以及持续时间和日期等方面的信息。在我们的事件时间上下文建模中,事件的持续事件是 DurationDescription 类的一个示例,可以通过结合属性 hasBeginning 和 hasEnd 来表示事件的起始和结束时间。

9.3 事件语义增强和查询

除了可以直接从事件上下文中推断出语义之外,还需要通过结合在线信息,如数字地名词典、实时新闻、个人日历、社交网络及网页等获得更多的知识。在使用在线信息解读事件语义之前,还需要解决对现有语义访问的问题。在万维网网页中,传统的信息组织和表示对计算机从非结构化的信息中理解和融合语义构成了一定的挑战。在传统万维网网页中对于信息的表示是用户可解读的,而非计算机可解读的。同时,由于可穿戴式生活记录数据中包含异质的上下文信息,如位置、视觉场景、周围的人等,因此在丰富程度方面,也提出了更多的挑战。

9.3.1 关联开放数据和 SPARQL 查询

在本章介绍的语义丰富化方法中,对从传感器读数中得出的上下文语义进行利用,以构建原始传感器数据和相关在线语义资源之间的关联。关联的数据云是一种包罗万象的外部知识库,因此可以借助它来丰富对事件的解读。在本事件语义增强中,还利用了 SPARQL 查询语言。这种语言是目前最先进的语义查询语言,通过它不仅可以访问本地事件语义库,还能访问外部的关联开放数据(Linked Open Data,LOD),从而对可穿戴式生活记录事件的语义进行最大化的解读。本节将介绍一种生成增强事件语义的新方法，该方法建立在与事件相关联的结构化上下文元数据的基础上。

1. 基于LOD的事件增强

关联开放数据[13]能够为下一代网络服务提供面向资源的知识库。通过为网络语义定义一套URI标准，用户可以借助成熟的HTTP/URI机制定位并使用数字资源。关联开放数据已经改变了传统的关联文件的方法，相反，它采用RDF的形式化格式，将数据和任意信息进行关联。URI被用来明确任何类型的资源，如对象、概念、属性等。关联开放数据中的大多数数据集都能提供一个与特定域相关的语义库，并通过浏览、导航以及语义查询来满足事件语义解读的需求。

在可穿戴式生活记录事件解读的应用中，我们将下列数据集引入到语义生活记录系统中。

(1) DBpedia。作为维基百科的开放数据版本，DBpedia是数据云中最重要的一种数据集。DBpedia数据集提供包含140多万人、73万多个地点、12万多张唱片、8万多部电影、近2万种电脑游戏、24万多个组织在内的超过400万件事物的信息。

(2) Geonames。在一个实用的系统中有必要对事件的位置语义进行解读。Geonames能够提供超过1000万个地点和地理特征的信息。每一个Geonames地名都有一个特定的URL，用于提供相应的资源描述框架网络服务。

(3) DBLP文献信息。在DBLP中结构化了大量关于科学论文的文献信息。DBLP数据集目前包含480多万篇文献、230多万个作者、5000多个会议、1600多个期刊的信息。

(4) FOAF画像。FOAF项目提供了一个机器可读的本体，用于对人员、他们的属性以及关系进行描述。这一词汇是使用最广泛的本体之一，并被应用在网络上对数百万资源描述框架三元组进行建模。这些从FOAF文件中提取出的数据集或者从其他数据集中导出的数据集，能够被用来解读执行者/参与者的信息，并回答事件“谁”的方面。

2. 进行语义查询

为了对资源描述框架语法所构建的语义进行查询，需要一种语义查询语言。SPARQL是一种用于语义网查询的W3C推荐语言。它是SPARQL协议、资源描述框架查询语言的递归缩略语。SPARQL可以被用来对多样数据源的查询进行表示，无论数据存储为本地RDF或者通过中间件被视为RDF[14]。其效率和灵活性吸引了大量的业界支持，并形成了很多关联开放数据的访问端点。总之，大量数据集通过SPARQL查询提供了访问服务，并且能够高效地返回结果。

类似于SQL，SPARQL也是一种相对用户友好的语言。SPARQL是一种图形匹配查询语言，通过它可以将所关注的语义描述为一个子图。查询引擎将在整个数据模型(也是一种 RDF 图)中匹配子图，匹配的结果随后被返回。基于查询图信息，SPARQL 也可以用来构建新的 RDF 图。

图 9-4 展示了 SPARQL 查询的一个示例，并重点突出了 SPARQL 查询的结构。从图中可以看到，SPARQL 允许带有预定义前缀的命名空间缩略语，从而提高查询的可读性。SPARQL 查询包含两个重要的部分：SELECT 语法和 WHERE 语法。SELECT 语法定义了那些将要被返回的变量，而 WHERE 语法则定义了被变量所满足的前提。事实上，WHERE 从句构建了那些需要与 RDF 知识库进行匹配的图模式。SPARQL 查询的结果可以是结果集，也可以是 RDF 图[14]。需要注意的是，通过在字符串结尾处增加@language 就能够说明所采用的特定语言。例如，在图 9-4 中，可以说明地址名称是用英语来描述的，这由@en 所指示。

```
PREFIX rdfs: <http://www.w3.org/2000/01/rdf-schema#>
SELECT  DISTINCT ?Abstract ?WebSite
WHERE {
    ?place <http://dbpedia.org/ontology/abstract> ?Abstract.
    ?place <http://dbpedia.org/property/website> ?WebSite.
    ?place rdfs:label " Tsinghua University "@en.
    FILTER langMatches(lang(?Abstract), 'en')
    }
```

图 9-4 SPARQL 查询示例

9.3.2 位置增强

对可穿戴式生活记录中的事件进行语义增强，需要有效的方法对用户进行定位，这是因为位置是事件的关键回忆要素。虽然存在可选的定位方法，如 WiFi SSID 或者 GSM 手机信号塔 ID 等，但是我们依然倾向于使用 GPS 来记录设备穿戴者的位置，这主要有两点考虑。首先，GPS 相对于其他方法更加精确。其次，GPS 不依赖基础设施，这意味着我们不需要额外的设备或支持，因此能够对世界任何位置进行定位。GPS 的一大缺点就是它不能在建筑物内部或者卫星信号无法到达的其他地方有效定位。在本章的应用中，GPS 记录被用来增强位置上下文。本章采用的位置增强算法包含位置聚类、反向地理编码以及 LOD 语义查询等。

首先，借助 k 均值聚类算法，在 GPS 经纬度记录上对位置进行聚类处理[15]。我们选择 100m 作为聚类半径，并将时间范围过滤阈值设置为 10min。这主要考虑到，对于用户十分重要的两个地点之间的位置一般都超过 100m，并且由于临时信号阻塞所导致的 GPS 信息丢失一般都可以被 10min 的时间窗口所过滤掉。可以根据下列步骤对这一位置聚类方法进行描述。

① 随机选择一个 GPS 坐标 $P_0(x_0,y_0)$作为初始圆心，半径 $r=100$。将该圆内所有被记录的 GPS 经纬度坐标选定为候选点，并将它们标记为 $P_i(x_i,y_i)$。

② 计算所有选定候选点 $P_i(x_i,y_i)$ 的圆心 $P(x,y)$，其中 $x=\sum_{i=1}^{N}x_i/N$，$y=\sum_{i=1}^{N}y_i/N$，N 是位于当前圆内所有的候选点的数量。

③ 将 $P_0(x_0,y_0)$替换为 $P(x,y)$，并将其作为新的圆心，重复第①步和第②步，直到最后圆心的距离变化低于预定的阈值 ϵ。将 $P(x,y)$作为一个重要的事件位置进行存储，并移除当前圆内的点 $P_i(x_i,y_i)$。

④ 为余下的 GPS 经纬度坐标重复第①～③步，直至所有的坐标被移除。需要说明的是，在同一聚类(同一圆圈内)中的经纬度都被认为是记录在相同地点的坐标，而该地点的坐标就是聚类的圆心 $P(x,y)$。

图 9-5 中展示了位置聚类的一个例子，该图使用了一整天的 GPS 记录。在图 9-5 中，点代表记录的 GPS 坐标，而实线圆圈表示的聚类则是应用算法后的结果。算法从整天的位置轨迹中确定了三个重要的地点，其中两个是可穿戴式生活日志记录者的居住地点和位于大学校园内的实验室(图右侧)，另外一个则是附近的商店(图左侧)。我们发现，通过位置聚类可以检测到生活日志记录者花费时间较长的地方(通常大于 10min)，而生活日志记录者花费时间较短的地方则不被视为重要的地点，如在上述地方之间的步行。整个聚类过程也通过图 9-5 进行了体

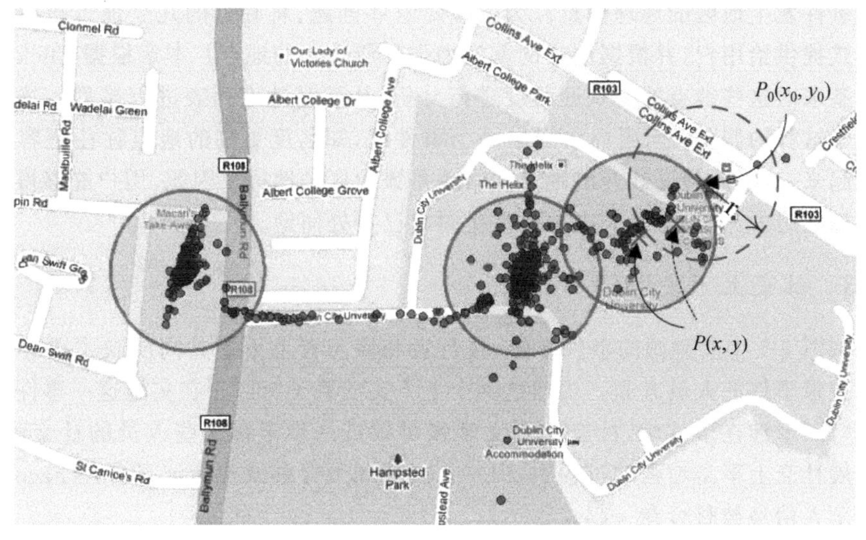

彩图 9-5

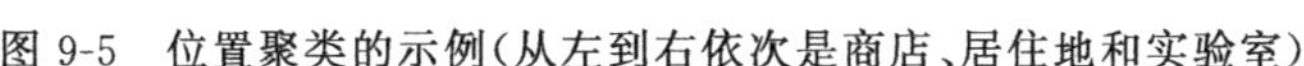
图 9-5　位置聚类的示例(从左到右依次是商店、居住地和实验室)

现。聚类开始于随机选择的 GPS 经纬度 $P_0(x_0,y_0)$(由虚线圆圈的中心所表示),并且向一个过渡圆心 $P(x,y)$移动(用虚线箭头指出)。通过迭代计算,不断更新圆心的经纬度 $P(x,y)$直到达到稳定的结果。圆的最终中心位置就可以被视为检测到地点的经纬度。

因为 GPS 经纬度并不包含对终端用户有意义的信息,因此需要采用反向地理编码。没有用户能够理解下列内容:"上个星期一的早晨,你位于(x_1,y_1),随后在下午 1 点去往(x_2,y_2)"。因此,反向地理编码在此被用来翻译经纬度,以便让人能够读懂地址名称。这一步将返回最近的可以查询到地址的位置,但返回的位置可能与查询的经纬度存在一定的距离。利用 GeoNames 网络服务可以为指定的地点名称进行反向地理编码,并返回 XML 格式的结果,返回的结果包含位置的不同特征,如位置名称、国家名称以及与所检索的经纬度之间的距离等。

在得到地点名称之后,就可以在 DBpedia 的 RDF 库中查询相关语义。通过指定地点名称,借助 SPARQL 查询完成上述任务。图 9-4 中的示例将检索名称为"清华大学"的地点的概要描述和网址链接。如果有的话,则返回的结果就包含能够与 WHERE 从句所匹配的信息。由于提前选定关于目标位置的若干信息可能会限制用户的兴趣,我们在增强应用中查询了所有的语义(属性和值),并为用户提供了浏览所返回 RDF 图形的链接。

当前的反向地理编码网络服务,通过返回最近的地点名称,为给定的 GPS 坐标标记上语义标签。然而,由于 GPS 的精确度以及不同地点的面积不同,因此并不能确保最近的地点就是当前目标事件的准确地点。在这些情况中,位于给定 GPS 经纬度附近的其他地方也极有可能是正确的答案,或者至少有助于让用户回忆起事件发生地区的地理信息。为了应对这些问题,将临近的几个地点排序成列表形式提供给用户,并根据用户的偏好增强其所选定的地点。本章根据 Flicker 社交标签来对这些地点的受欢迎程度进行分析,从而对地点列表进行排列。这一方法基于这样的假定:当用户在回忆一个事件时,知名度更高的地点往往更容易被回忆起来。此外,最受欢迎的地点通常也是该地区的地标。因此,用户能够得益于该地标的启发,并且意识到在事件发生时自己身处何地。

9.3.3 社交上下文增强

如图 9-1 中所刻画的事件本体,执行者和参与者上下文共同反映了可穿戴式生活记录事件的人员方面。虽然这两个上下文回答了"谁"正在实施这一事件以及还有"谁"牵涉在事件中,社交上下文增强可以进一步丰富这些人员的社交画像。在开展社交上下文增强的过程中,FOAF 画像和可穿戴式生活记录者在 Facebook 上的个人信息被整合在一起。

FOAF 画像是 LOD 中的数据集,并由 RDF 建模。FOAF 画像包含着数百万人的信息,其中包括与事件相关或不相关的人、生活记录者的社交媒体信息。另一方面，Facebook则包含了更多个性化的语义，可能与生活记录事件存在更高的关联性。当用户回顾其生活记录事件时，社交信息可以提高对于“谁”方面的理解。将FOAF画像与Facebook信息整合时，本章采取下列步骤：首先，从Facebook中得到的XML资料需要被转换为RDF格式；其次，为将FOAF画像和Facebook整合在一个相同的数据模型中，需要相同的词汇如FOAF本体，以便进行一致的语义表示；最后，将RDF陈述充实到事件模型中，从而进行社交上下文增强。

Facebook是一家典型的社交媒体分享网站，注册用户可以在Facebook上构建社交网络画像，其中就包括共享的朋友信息、图片、消息等。用户社交网络信息的访问可以通过网络服务API将XML结果作为HTTP信息流来获得。为了进行高效的语义建模，特别是应用9.2.2节构建的事件本体以及SPARQL查询语言，需要将基于XML的画像表示转换为更具扩展性的RDF模型。

作为一种机器可读的数据格式类型，XML被用来在应用之间交换数据，这些应用需要将信息传达给不同的终端用户。由于其简便性和灵活性，大量的数据源都被形式化为XML格式，并且人们开发了许多XML处理工具。从XML中被转换的RDF模型使得将语义整合到通用的知识模型的任务更加简便。Facebook XML结果转换后的输出是一种RDF/XML，并包含着XML源文件所反映的信息。RDF/XML文件随后可以被作为RDF模型来处理，并被输出到其他RDF文件格式中，例如Turtle、N3及N-Triples等格式。由于这些被转换的模型需要与从LOD中查询到的FOAF画像进行整合，可以将Facebook XML直接转换为由FOAF本体建模的语义，从而简化这一流程。关于社交上下文增强的语义转换详细描述请参见9.4.2节。

9.4　事件语义增强用例

9.4.1　用例设置

本事件增强用例将根据在9.2节中描述的事件本体和增强框架来扩展实施。整个实验有两个主要程序，分别是可穿戴式生活事件记录和事件语义检索。

1. 事件记录设置

在本用例验证中，利用SenseCam上的数码相机和传感器收集图片和运动数据，以及温度和光照程度等。在这些由SenseCam所收集的异质传感器读数中，针对事件增强应用我们只使用了图像数据。然而，其他传感器读数，特别是加速度计读数，对于SenseCam决定何时启动照片抓拍十分有用，因此传感器数据也与SenseCam图像同步存入数据库。

GPS记录和蓝牙检测在互联网平板电脑上进行，该平板电脑上安装了一个客户端软件，方便与外部的GPS模块进行通信。客户端软件每10秒接收并记录一次GPS数据流。附近出现的蓝牙唯一地址和设备名称采用同一个时间戳进行记录。蓝牙检测的时间间隔为20秒。需要说明的是，包含SenseCam图片在内的所有这些传感器读数都与时间戳一起被记录下来，在时间上同步之后再储存到数据库中。

2. 检索环境设置

研究小组中的一个用户使用上述记录设备长达一个月的时间，以便开展事件增强实验。我们按天为时间单位来处理和检索存储的信息，这意味着用户必须在一天的持续记录后将SenseCam数据集、GPS与蓝牙读数上传。对这些可穿戴式记录的事件数据进行增强需要将来源于两个空间的语义进行整合，这两个空间分别为物理空间和信息空间。

对由周围环境进行感知的设备（如SenseCam、GPS和蓝牙）所记录的物理信息的检索，我们使用SenseCam浏览器[16]将一整天的SenseCam数据流分割为一系列单独的事件。同时，还采用相关的图片和关键帧对事件进行视觉表示。由于SenseCam浏览器并不提供对由GPS和蓝牙收集到的空间或社交上下文的处理，我们利用外部应用对这些上下文读数分别进行处理，并将这些结果上传数据库，以便用于后续检索。将事件分割、地点聚类以及蓝牙记录处理进行综合，可以构建用户的轨迹记录，如表9-1所示。

表9-1 用户轨迹记录

事件	经纬度	起始时间	蓝牙MAC地址	蓝牙设备名称
79	53.38，−6.26	10:08	00:17:F2:BA:17:F9 00:23:12:5B:B0:99 …	Name1 …
80	—	12:29	00:1B:EE:3F:BE:0F 00:26:5D:F5:CB:AE …	Name2 …
81	53.38，−6.25	12:45	00:17:F2:BA:17:F9 00:23:6C:BB:6A:C3 …	Name3 …
82	—	13:20	9C:18:74:EF:15:65 00:16:BC:D5:A7:4A …	Name4 …
…	…	…	…	…

表9-1列举了一个典型工作日所包含的事件片段。在完成地点聚类之后，聚类圆心被用来表示我们在9.3.2节中描述的重要地点的最终经纬度。对于“旅行”事件而言，单一的聚类并不足以反映整个旅行行程，因此起始地点和结束地点都被

用来对此类事件进行建模。这对于GPS信号丢失的某些事件同样也是适用的。在这些情况下，信号丢失开始的位置以及信号恢复的位置都被作为此类事件起始和结束位置来记录。如表9-1所示，蓝牙MAC地址完全没有语义含义，因此对于事件的回忆也就没有用处。而移动设备的所有者通常会将其蓝牙设备以更为友好的方式命名。这些友好的设备名称对于用户而言，是帮助他们意识到在特定的事件中与“谁”在一起或者他去了“哪里”的线索。

除了访问本地的周边情况，检索环境还包括由在线语义库以及用户社交媒体画像构建的信息空间。对诸如LOD数据集等在线知识库进行检索，可以完成对事件“谁”和“在哪里”方面增强的任务。大多数LOD数据集都提供了SPARQL查询终端，以便共享域语义。在使用基于查询的数据资源进行事件解读中，我们还使用了SPARQL语义查询语言，而数据源则在表9-2中进行了列举。在这一列表中，GeoNames、Flicker以及Facebook都没有SPARQL终端，本用例使用了网络服务以获得这些信息。表9-2中DBpedia、GeoNames以及DBLP都是LOD的成员数据集。

表9-2 用例所使用的在线数据源

数 据 集	网络服务终端	增强的事件方面
DBpedia	http://dbpedia.org/sparql	谁，在哪里
GeoNames	http://www.geonames.org/export/	在哪里
Flicker	http://www.flickr.com/services/api/	在哪里
DBLP (Hannover)	http://dblp.l3s.de/d2r/	谁
Facebook	http://api.facebook.com/1.0/	谁

9.4.2 社交上下文增强的语义对齐

Facebook网络服务通过XML数据流的形式提供了访问用户社交网络画像的途径。然而，从DBpeda数据库中获得的FOAF画像都采用RDF建模。由于RDF/XML其实是一种XML语法，用以描述RDF三元组，这使得通过XML转换可以将语义从XML转换为RDF。可扩展样式表语言转换(Extensible Stylesheet Language Transformations，XSLT)是一种XML处理工具，可在不同的XML文档间转换数据表述。XSL包含可以对格式进行约定的XML词汇，并通过XSLT指定XML文件的样式，以描述一个文件如何被转换为另一个XML文件[17]。XSLT模板规则可以用来说明源XML文件要素和输出文件要素之间的映射。将XSLT文件应用到源XML文件，并生成新的XML文件，这是典型的XML处理。关于XSLT模板规则以及XML转换的更多细节可以查阅本章文献[17]。在本章的实验中，应用 XSLT 来对齐基于 XML 与基于 RDF 的数据表示之间的语义，并表明了方法的有效性。通过实验能够发现，采用这种方式可以用一种可读性更强的样式对信息进行重新格式化。

虽然查询结果精确反映了包含在 XML 资源文档中的信息，但很容易发现，新的语义表示使用了通用的词汇，如 RDF 和 FOAF 等，这在 DBpedia 知识库和其他 FOAF 画像的语义建模中被广泛采用。通用的语义描述也使得将多种知识来源进行整合以生成更为全面的事件增强更为容易。

9.4.3 事件为中心的增强应用

在可穿戴式生活记录语义增强中，事件对于我们而言仍然是揭示其中语义的基本单元。这一观点也同样反映在本章图 9-1 中构建的事件本体上。本节中我们将这一观点应用到以事件为中心的增强应用工具中。对这一应用工具构建的目的是实施上下文增强和事件语义的可视化。该增强工具是一种基于浏览器的应用，并配备有 SenseCam 事件查看器、地理空间地图以及内嵌的上下文增强浏览器，如图 9-6 所示。

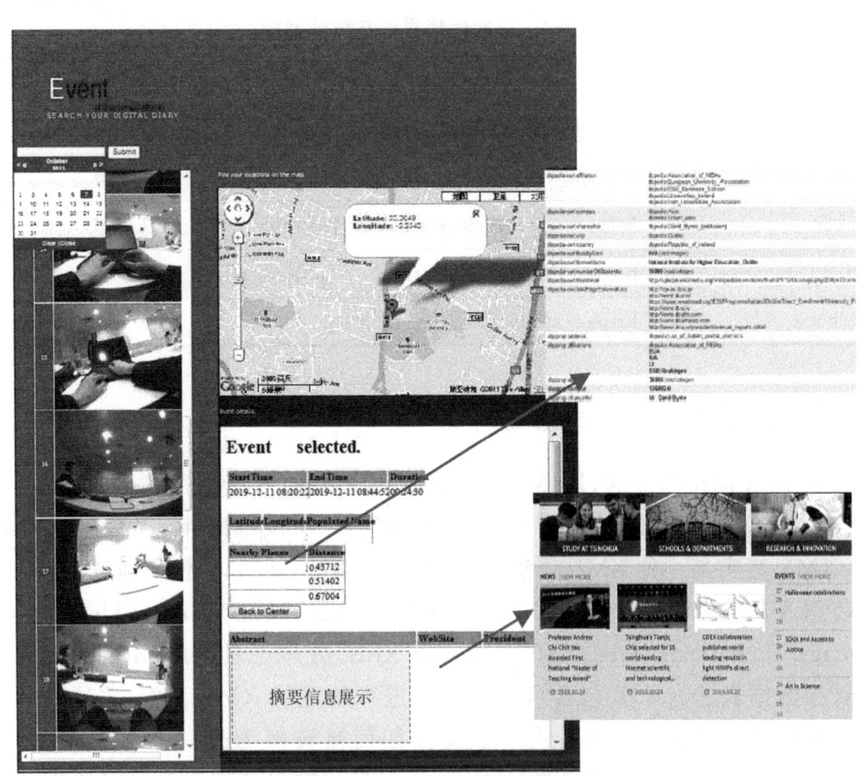

彩图 9-6

图 9-6 事件增强界面(左侧为事件查看器，右侧为地图和增强浏览器)

事件查看器逐一列出了事件的关键帧,用户可以按天对事件进行查看。图 9-6 左侧的日历为用户提供了选定的具体日期。在用户选择希望查看的目标日期后,事件查看器将列出当天所有已被分割好的事件。该应用将根据时间顺序对一整天的事件表示进行组织,以反映事件的进展。图 9-6 展示了可穿戴式生活记录者参加讲座的时间进展。该时间顺序包括启动笔记本电脑、听讲座、做笔记等,所有这些都可在事件查看器中被可视化。

当用户希望了解事件上下文的详细信息,他可以单击事件的关键帧,而上下文信息则可以在地理空间地图中以及上下文信息浏览器中得到增强和可视化处理。图 9-6 展示了听讲座事件空间上下文的增强和可视化。用户选择其感兴趣的事件后,该应用在地图上对相应的 GPS 地点进行查询并定位。通过本章之前介绍的方法,可以获得增强的上下文信息。两种增强了的上下文在信息浏览器中被可视化处理,分别是位置上下文和社交上下文。为了增强位置上下文,根据事件 GPS 坐标对相关的地点名称进行查询。查询得到的摘要信息被展示在浏览器中,用于作为对关联性最强的地点的简要描述。浏览器还通过链接到网页或 RDF 三元组知识库的方式,为用户提供了获得关于这些地点详细信息的途径,如图 9-6 所示。以相同的方式,社交上下文也首先借助摘要信息进行了增强和可视化处理,并将其链接至外部语义。除 DBpedia 之外,社交上下文增强还使用了 DBLP 数据集,而用户可以借此获得更为详细的个人信息(如果可用)。通过显示所选定事件的起始时间、结束时间以及持续时间等信息,时间上下文也可以进行可视化处理。

9.5　本章小结

本章阐述了如何利用外部知识库改善对事件上下文的解读,这个过程也称为事件增强。因为越来越多的语义采用语义网技术在关联开放数据集中被建模和形式化,本章研究了现代语义网技术在事件增强中的应用,如域语义本体建模、访问在线库等。本章首先探讨了语义建模和本体的流行技术,以及网络语义表示和共享的标准语言。随后,利用这些技术构建了一个事件本体,从而借助多种上下文进行可穿戴式生活记录事件的建模,这些上下文被纳入到一个统一的模型中。根据这一模型,本章还探讨了访问多种在线数据源的社交上下文增强,其中包括访问关联开放数据、社交媒体和可穿戴式生活记录者自己的 Facebook 画像。在这一步骤中,SPARQL 被用来从关联开放数据的数据集中高效查询数据。最后,在本章的增强用例中,为生活记录事件增强构建了一个应用,以吸收前面介绍的数据来源对事件上下文进行丰富。

参考文献

[1] Berners-Lee T,Hendler J,Lassila O. The Semantic Web[J]. Scientific American,2001,284(5):34-43.

[2] Studer R,Benjamins V R,Fensel D. Knowledge engineering: Principles and methods[J]. Data and Knowledge Engineering,1998,25(1-2):161-197.

[3] Klyne G,Carroll J J. Resource Description Framework (RDF): Concepts and abstract syntax: W3C Recommendation[R/OL]. (2004-02-10)[2020-08-19]. https://www.w3.org/TR/2004/REC-rdf-concepts-20040210/.

[4] Beckett D. RDF/XML syntax specification: W3C Recommendation[R/OL]. (2004-02-10)[2020-06-05]. https://www.w3.org/TR/REC-rdf-syntax/.

[5] Berners-Lee T,Connolly D. Notation 3 specification: W3C Technical Report[R/OL]. (2011-03-28)[2020-05-19]. https://www.w3.org/TeamSubmission/n3/.

[6] Beckett D,Berners-Lee T. Turtle-Terse RDF triple language: W3C Technical Report[R/OL]. (2011-03-28)[2019.09-15]. https://www.w3.org/TeamSubmission/ turtle/.

[7] Grant J,Beckett D. RDF test cases: W3C Technical Report[R/OL]. (2004-02-10)[2019-02-16]. https://www.w3.org/TR/rdf-testcases/.

[8] Brickley D,Guha R V. RDF vocabulary description language 1.0: RDF Schema: W3C Recommendation[R/OL]. (2004-02-10)[2019-02-16]. https://www.w3.org/ TR/ 2004/REC-rdf-schema-20040210/.

[9] Dean G S M. OWL Web ontology language reference: W3C Recommendation[R/OL]. (2004-02-10)[2019-02-16]. https://www.w3.org/TR/owl-ref/.

[10] FOAF Vocabulary Specification[OL]. (2014-01-14)[2018-08-12]. http://xmlns.com/foaf/spec/.

[11] Rodden K. How do people organise their photographs?: Proceedings of the 21st Annual BCS-IRSG Conference on Information Retrieval Research[C]. Swindon: BCS Learning & Development Ltd.,1999.

[12] Platt J C. AutoAlbum: Clustering digital photographs using probabilistic model merging: Proceedings of the IEEE Workshop on Content-based Access of Image and Video Libraries[C].[S.l.]: IEEE,2000.

[13] Berners-Lee T. Linked Data[OL]. (2009-06-18)[2019-09-15]. http://www.w3.org/DesignIssues/LinkedData.html.

[14] Prud'hommeaux E,Seaborne A. SPARQL query language for RDF: W3C Recommendation[R/OL].(2006-07-03)[2018-06-01].https://www.w3.org/2001/sw/DataAccess/rq23/.

[15] Ashbrook D,Starner T. Using GPS to learn significant locations and predict movement across multiple users[J]. Personal and Ubiquitous Computing,2003,7: 275-286.

[16] Doherty A R, Smeaton A F. Automatically segmenting lifelog data into events: Proceedings of the 2008 Ninth International Workshop on Image Analysis for Multimedia Interactive Services[C].[S.l.]: IEEE, 2008.

[17] Clark J. XSL transformations (XSLT): W3C Recommendation[R/OL]. (1999-08-13) [2018-05-10]. https://www.w3.org/1999/08/WD-xslt-19990813.